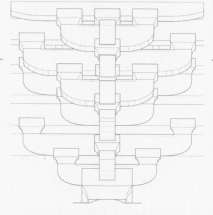

"十四五"国家重点出版物出版规划项目

# 山西木构古建筑匠作通释

Interpretation of the Craftsmanship
of Ancient Wood Architecture
in Shanxi Province

## 太原

### 卷

刘 畅 赵寿堂 迟雅元 著

山西省古建筑与彩塑壁画保护研究院 编

山西出版传媒集团  三晋出版社

# 总序

　　《山西文物大系》是山西省文物局与山西出版传媒集团联合打造的大型文物系列丛书。编撰这套系列丛书，有着深刻的历史背景和重大的现实意义。

　　山西地处黄土高原东部，北邻内蒙古草原，南接中原腹地，左有雄伟太行屏障，右有万古黄河萦带，自古称"表里山河"。

　　山西是人类起源、中国农业起源和文明起源的一方沃土。围绕河东盐池和上党高地，炎、黄二帝角逐争雄，尧都平阳，舜都蒲坂，禹都安邑，华夏文明的曙光在这里绽放。

　　山西地处中原农耕文明与北方草原文明的交合处，在中华民族多元一体的发展过程中书写了璀璨夺目的历史华章。夏商时期，山西为近畿和"方国"之地，奠定了独具山西文化特色的地理基础。西周初年，叔虞封唐，燮父改晋，"启以夏政，疆以戎索"。东周时期，春秋争霸晋为先，战国七雄有其三，晋国尊王攘夷，开疆拓土，变革鼎新，称霸中原，对中国社会进入大兼并、大发展时代起到了重要推动作用。从西周晋国到东周三晋，晋文化独树一帜，产生了巨大的影响，呈现出强烈的辐射力。晋式青铜器铸造技术高超，艺术造型精美，传播礼乐文明，兼融草原新风，对当时和后世都产生了重大而深远的影响。秦汉大一统时期，山西作为抵御北方游牧民族南下的第一防线，发生了"白登之围""马邑之伏"等重大战事，涌现出一批杰出的政治、军事名流。魏晋南北朝时期，中国陷入数百年战乱，众多少数民族政权以山西为根据地，谋求发展壮大。拓跋鲜卑统一北方，定都平城（今山西省大同），逐步施行汉化改制的政策，为隋唐盛世奠定了坚实的基础。李渊建立唐朝，晋阳为其北都，河东又成为长安的重要经济支撑之地。宋、辽、金、元时期，战马驰骋，进一步加速了山西各民族文化融合创新的进程。明代初期，洪洞大移民。明、清两代，山西商帮开拓万里茶道，票号汇通天下。秦汉以来的2000余年，山西曾率先主导、数度引领中国政治、经济、社会、文化的发展方向。因此，谭其骧先生直言："在历史上，山西在全国，至少在黄河流域，占有突出的地位。"

山西是全国的文物大省。山西文物的巨大存量和重大价值，是社会主义精神文明建设和文化建设不可或缺的精神财富，是发展文化旅游的基础性支撑，是宣传山西、展示山西形象的"金色名片"。据文物普查统计，全省现存不可移动文物53875处，其中全国重点文物保护单位531处，占全国总数的10%以上；可移动文物320多万件，其中已认定的一级文物达4205件。20世纪90年代以来，有16项考古发掘项目入选"全国十大考古新发现"。全省150余座各级各类博物馆中，有6座为国家一级博物馆。陶寺龙盘、商代龙形觥、晋侯鸟尊、武王义尊、晋侯盘、立人擎盘铜犀、铜雁鱼灯、北魏漆屏风、波斯玻璃碗、隋代虞弘墓石椁等"镇馆之宝"，无不闪烁着"国之重器"的绝代风华。

山西是一方红色的土地。革命战争年代，特别是抗日战争时期，中国共产党领导八路军，依托太行山、吕梁山，创建敌后根据地，为民族独立和解放谱写了气壮山河的篇章，留下大量红色遗产。经普查统计，山西有不可移动革命文物2200多处，可移动革命文物40000余件（套），是中国革命文物极为重要的组成部分。

山西文物建筑最具特色，傲立于世。云冈石窟、五台山、平遥古城、历代长城，是山西境内举世瞩目的世界文化遗产；山西现存木结构古建筑2800余座，元代以前的木构建筑占全国总数的80%以上，堪称"中国古建筑艺术博物馆"；五台山佛光寺唐代东大殿被梁思成先生誉为"中华第一国宝"，应县辽代木塔被世人称作"世界三大奇塔"之一。与古建筑并存的还有 30000 多平方米寺观壁画、20000 多尊彩色塑像和 50000 通以上的碑刻题记。这些珍贵的物质文化遗产，在中国现存文物中占有极高的比重，是研究中国古代政治、经济、文化、艺术、宗教、科学等不可多得的实物资料，更是观赏古代文化艺术的绚丽长廊。

习近平总书记高度重视文物保护、利用工作，作了一系列重要指示："文物承载灿烂文明，传承历史文化，维系民族精神，是老祖宗留给我们的宝贵遗产，是加强社会主义精神文明建设的深厚滋养。保护文物功在当代，利在千秋。"要让历史说话，让文物说话，让收藏在博物馆里的文物、陈列在广阔大地上的遗产、书写在古籍里的文字都活起来。2020 年 5 月 12 日，习近平总书记考察云冈石窟时指出，云冈石窟体现了中华文化的特色和中外文化交流的历史，是人类文明的瑰宝，要坚持保护第一，在保护的基础上研究、利用好。总书记的要求和期望，使山西文博人倍感使命光荣、责任重大。

山西省委、省政府坚决贯彻落实习近平总书记关于文物工作的重要指示批示精神，从传承中华文明、坚定文化自信、建设文化强省、促进转型发展的高度，要求进一步加强全省文物工作，以上对五千年文明负责、下对子孙后代负责的历史担当，把山西文物工作提高到新高度。

为落实习近平总书记的重要指示，贯彻山西省委、省政府有关文物工作的部署和要求，山西省文物局和山西出版传媒集团决定联合启动《山西文物大系》的编撰出版工程。以习近平总书记有关继承和弘扬中华优秀传统文化的指示和关于文物保护利用的重要讲话为指导思想，以整体性、系统性、权威性为编撰出版原则，力求通过《山西文物大系》，全面、客观地记录山西的文物资源，反映当代研究成果，展示山西历史文化，增强山西文物在世界文明体系中的知名度和影响力。图书编撰拟以文物部门为主导，积极动员社会力量参与，争取省内外高等院校、科研机构的支持；同时，鼓励非国有博物馆和民间收藏家与文物部门合作，编撰非国有文物系列图书。编撰内容坚持文化遗产保护的学术视野，围绕文物保护技术的历史进程，进行文化艺术史的价值解读，以客观反映文物资源和文物工作为目标，体现学术性、时代性和权威性。

《山西文物大系》是一项浩大的、长期的大型编撰出版工程，规划期暂定十年，统一规划，分步实施。目前，根据文物分类，规划出十二个大类的编撰出版项目，涉及不可移动文物和可移动文物，主要包括古建筑、古代壁画、古代塑像以及青铜器、玉器、瓷器等，多数项目以档案的形式予以整理出版。随着编撰出版工作的深入推进，必然有更多意义重大的项目将被纳入规划并逐步落实。我们希望《山西文物大系》的所有参与者，能够以光荣的担当意识、科学的工作态度，扎扎实实、认认真真地从事每一项工作，从而确保每一个系列、每一部图书均做到体例科学、内容真实、研究到位、形式精美，使之成为无愧于时代、经得住时间考验的大型精品丛书。

在《山西文物大系》项目首部图书出版之际，我们以此短文表达开展这项工作的初衷和愿望，是为序。

山西省文物局局长　刘润民

山西出版传媒集团董事长　贾新田

2022 年 1 月

# 前　言

## 为什么单单说山西的木结构古建筑呢？

按照山西省文物局的统计，山西现存古建筑列为文物保护单位者28027 处。截至国务院公布第八批全国重点文物保护单位，山西 531 处国保单位中有 421 处都是古建筑。此外，全国 580 余座元代和之前的早期木构建筑遗存中，山西占了 496 座。同时，山西古建筑的代表——唐代遗构五台山南禅寺大殿、佛光寺东大殿，五代作品平遥镇国寺万佛殿，辽代的应县木塔，宋代的晋祠圣母殿，明清时期的北岳恒山悬空寺、万荣飞云楼和秋风楼，等等，无一不是国内木结构古建筑遗存之翘楚。

## 为什么山西的木结构古建筑如此卓越呢？

当然不能简单归因于山西的森林资源、气候优势，天灾人祸的劫后余生或是擦肩而过，山西存量巨大的木构古建筑只是从一介维度大略揭示其在中国建筑史上的地位。因卓越而感叹，但是如何卓越，单靠情感是说不清楚的。所以要回到 1990 年自己在建筑系读书时游历山西以来便魂牵梦绕的问题——在木构领衔的中国古代建筑生态中，山西的特色基因是什么？没有保存下来的那些当年地位更加尊崇的领衔之作，会有怎样类似的或是愈加不一样的高妙？中国木构古建筑在这个人类生存的星球上，所属建筑圈中的地位怎样呢？以及山西木构古建筑的地位如何呢?

　　延续以上问题,便要说到建筑背后的人,尤其是古代营造的从业人员。对物的评价实际上正是对人的劳作和人的智慧的评价。

　　如果要问山西的营造者怎么受的教育、受的什么教育、怎么交流互助,史料留给我们的材料太过稀少。如果要说《哲匠录》之外现存历史痕迹还有哪些名人名作,再比照建成结果的差异,我们确实可以站在前人的肩膀上继续猜想。如果要探究这座建筑和另一座的细微差异和隐蔽部位的不同,从而沿着"指纹特征"的分布揣测古人可能走过的路线,我们想象的空间真的还很大。每念至此,顿觉海阔天空,那些没有留下名姓的古人生活和工作的轨迹,一定不止是一根线,至少须是用线连起来的很多节点,并在那些节点上晕散开来,或轻或重地留下他们的脚印。乡村的木匠去过府城吧?或者他们也曾被召唤进京吧?当回到家乡的时候,他们是否带着进修之后的喜悦,或是揣着最时髦的风尚或是秘籍?他们的生计会不会更红火了一些呢?

　　于是有了通览的冲动。和山西省古建筑与彩塑壁画保护研究院及三晋出版社同事相约,决定边读边行,边拉杂一路上访到的诸多收获。

　　第一是读,通读基础史料的鳞爪,用来讨论主人、匠人和他们之间的关系。

　　正经讨论这个问题,要回到明代计成写的《园冶》。计成提到,造园"三分匠,七分主人",较之主人"什九"匠人"什一"或更公允,但是主人必然大大高于匠人[1]。当然,计成以为古谚中与"匠人"相对的"主人"实为"能主之人",即设计者。不过,不难想象,主人也必有"主人"的角色,而且往往凌驾于这些"能主"之"大匠"之上。主人或许有史可查,至于匠人则往往淹没无闻。漫天发散凭空猜测匠人生活的想法,是辜负了通览本意的。

　　如此困难而复杂的问题,需要众多"无意识史料"的帮助。必须随时翻阅的,最紧要的便是《三晋石刻大全》。这套至今仍然尚未编纂完成的巨型丛书,收录的石刻史料是惊人的。比之清光绪年《山右石刻丛编》的720通、《山右金石记》的1550余通碑,此大全的序曲《三晋石刻总目》便已收录存佚碑记共16046通。虽然仍然无法在这个数量级的基础上窥见山西古建筑兴造全豹,但令人欣喜的是,如此巨大的史料工程为研究者提供了不止一个"斑点",及不止一个考察"斑点"的视角。

　　说到视角,需要再啰嗦两句,因为这才是从所见出发进行智力活动的开始。"常规"地通读营造史料,往往会倾心于其中的种种故事、则则典故、款款文笔——表面只是追溯远古,悲叹沧桑,颂扬功德,赞叹新貌等诸般,字面之外则有关于主人和匠人林林总总的信息。比如说"远寻哲匠"[2],便暗示匠作的流动和外来的建造基因,再比如说到"规画皆仙乩布置"[3],便是暗示这里道士们作为主人超乎寻常地深度参与了建筑布局和形式的设计。因此,"非常规"地通读史料,则必须留意碑记末尾的落款和匠人名号。无论这些名字之前是不是带有籍贯,在形成规模数据统计之后,匠人的生计范围便有迹可循。当然,碑刻之外,营造史料至关紧要的还有墨书题记——那些有意题写下来记录功德的或是那些匠人涂鸦一样的随笔,甚至比碑记还更加直接地记述了营造本身。无奈此类墨迹还没有得到系统整理和公布。不妨以今日拾穗的实际行动,配合未来《三晋古建筑题记大全》的诞生吧!

　　读之后,第二是行,是怀揣着专业训练,手捧着前人的研究按图索骥和察访新知;是在现场观摩测绘,在实物面前讨论木构建筑上有哪些设计堪称精彩,讨论"能主之人"智慧之所在。罗列前人之整理,则有20世纪关野贞的《支那文化史迹》,有营造学社先哲在《中国营造学社汇刊》中的篇篇扛鼎之作,有李玉明主编《山西古建筑通览》(1987)、国家文物局主编《中国文物地图集·山西分册》(2006)、王金平等著《山西古建筑》(2015)、张兵等著《山西古建筑档案(第八批国保)》(2021)等。

　　评骘古人的作品务必依赖于详尽的测绘记录和去伪存真的消化理解。或许文物管理者的数据库里已经储存了数以万计木结构古建筑的实测图，可是一旦追究一些最是普通的问题——那些图纸精确度如何？那些建筑当年木匠定下的丈尺几何？哪些设计是经过锤炼，或者是特别独具的匠心？我们能够得到的回答往往无法解渴。然而，必须接受的现实是，今天的通览工作不可能实现全面测绘和研究。换言之，如今的工作更像是启动全面测绘和研究之前的鸟瞰、试点和宣言。

是的。鸟瞰、试点和宣言。

无需赘言鸟瞰对于广博的要求，以及我等能力之所不逮；无需赘言试点对于精专的要求，以及我等既有研究在等待学术验证之际的忐忑。一定需要在此处展开说明的倒是宣言，是我等在科技飞速发展的今天亲身体会到的可能性和紧迫感。

20世纪30年代，中国营造学社的核心研究部门是梁思成当主任的法式部和刘敦桢当主任的文献部。前者首务现场调查，后者把梳历史信息。如果营造学社发展到今天，是不是还需要建立一个"科技部"呢？及时把最新的技术拿来，在法式研究和文献研究中运用。比如基因工程，应该可以用来辨别颜料和胶结的成分，探究时代和地域的差别；比如人脸识别，或者可以用来识别斗栱设计中的细微差别，揣测匠人手法的不同；比如大数据技术，一定可以将所有微观发现串联起来，为史学家提供新的思路。

"科技部"是宣言的油门，还不是宣言的方向盘。方向盘还要回到鸟瞰，回到反思我们学习建筑史的终极问题。浏览了世界各地的建筑，品味了风格各异的建筑师，已经不再想简单地歌颂我们自己的传统多么伟大；经历了历史哲学深刻自省之后的时代，考虑到社会历史发展的偶然因素和复杂性，已经不能再粗暴地总结山西古建筑的特点并解释其生成原因。回想当年老师给出的众多思考题，还是坚定地决心回归，去窥视那些最容易被忽视的人物的内心，去尝试认识他人，以便认识自己。于是选择了建筑学专业本身的基础问题作为通览山西木结构古建筑的目标——如何书写在历史中隐身的东方古代匠人的历史。

　　因此，我们的宣言是：启动头脑加上时代配置的外脑的引擎，撰写山西古代大木作匠人的历史。

　　光阴如此地爱惜三晋大地，呵护着山西成为古代建筑大匠"足迹化石"的最大富矿。辨认匠人的足迹，还没有现成的"物种起源"。惟愿此番山西木构古建筑通览，能够扬起"贝格尔号"的风帆。

**注释**

1. [明]计成著《园冶》，中国建筑工业出版社，1988.
2. [北宋]淳化二年（991）《创修□□圣佛山崇明寺记》。现存山西高平崇明寺。
3. 钦定四库全书《山西通志》卷一六八，寺观一，纯阳宫。

# 目录

静乐县

岚县

娄烦县
娄烦三教寺

罗家曲观音寺

古交千佛寺

交城县

狐突庙

清

# 太原木构古建筑述要与导览

马
柯
泥
开化寺
不二寺(旧址)
轩辕庙
明泰大师塔
窦大夫祠
□因寺
□福寺
唱经楼 · 崇善寺
太原市
大关帝庙 太原府文庙
清真古寺 永祚寺
纯阳宫
太山龙泉寺
晋祠
太原县关帝庙
圣母殿献殿 太山祠
圣母殿
太原县文庙
□秀寺
清源文庙
徐沟文庙
徐沟城隍庙
清徐尧庙

# 路上印象

　　我们从自古以来即是山西政治、经济、文化中心的太原入手，不仅是通览的开始，更是对理解山西乃至全国古建筑整体思路的阐发和验证。历史上的营造实践是如此之复杂，以至于我们难以找到一个直接与匠作群体相关的分类方法，来梳理一路走过并有话要说的这众多案例。书写这段往事，常用的有时代线索和地理线索，或者还可以考虑到因主人不同、使用功能差异而采用建筑类型的线索。本次通览的推荐，倒是需要跳出个人的小胸怀回到古建筑本身，识别匠人的面孔，寻找他们的指纹，尝试编辑出我们头脑中的线索。人脸识别和发现指纹，都需要更频繁的奔波和记录，需要更长时间的缄默和注视。一切需要翱翔着鸟瞰，伏案着"显微"，我们的工作仅仅是开始。

　　今天我们的调查，包括了现在太原市境内的杏花岭、迎泽、小店、尖草坪、万柏林、晋源等六个区，以及阳曲县、清徐县、娄烦县和古交市。古今行政归属自有其历史原因。在严格的意义上列清历史上太原地区的管辖身份，划清太原的准确边界需要花费大量的笔墨，但是从千百年以来稳定延续的总体地理环境来看，今天我们要讲的太原木构古建筑的分布范围则相对简单明了（图1-1-01）。

图 1-1-01
太原地理环境及代表性
古建筑分布示意
赵寿堂、迟雅元绘

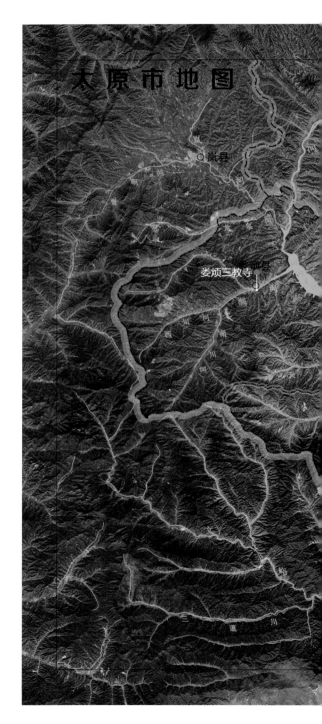

太 原 市 地 图

岚县

娄烦三教寺

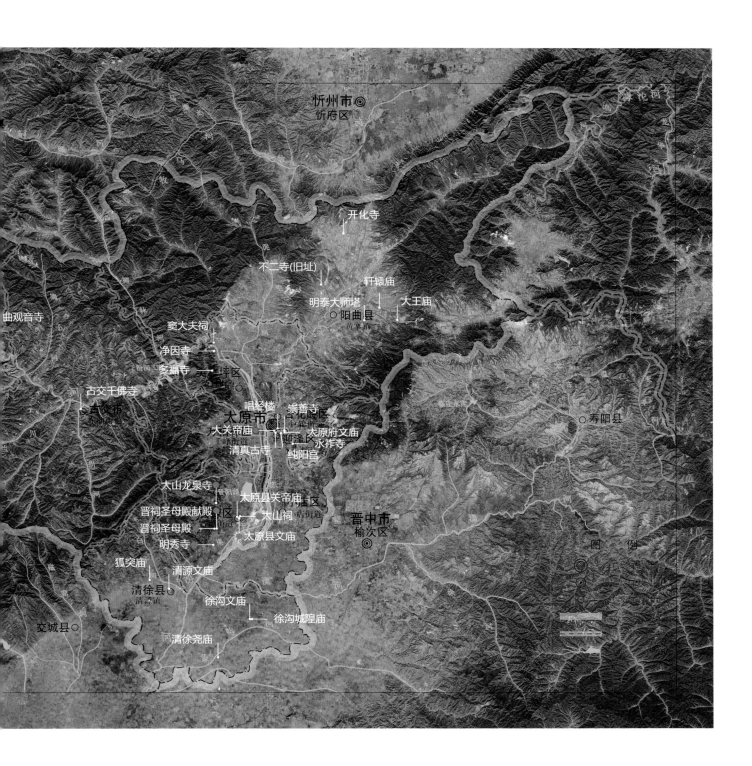

忻州市◎
忻府区

开化寺

不二寺(旧址)

轩辕庙

明泰大师塔　　大王庙
◎阳曲县
黄寨镇

曲观音寺

窦大夫祠

净因寺

多福寺　尖草坪区

古交千佛寺

古交市

唱经楼
崇善寺
太原市
大关帝庙　　　　太原府文庙
迎泽区　永祚寺
清真古寺　纯阳宫

寿阳县

太山龙泉寺

太原县关帝庙
晋祠圣母殿献殿　　太山祠
晋祠圣母殿
太原县文庙
明秀寺

晋中市
榆次区
◎

狐突庙
清源文庙

清徐县
清源镇
徐沟文庙
徐沟城隍庙

交城县◎

清徐尧庙

图　例

## 腹地

今天太原的六个区外加阳曲县，承载的是城市兴废带来的命运的起承转合，是借着山势而成的几代城池。太原西边的吕梁山系诸山统称西山，无论古代城市重心怎么挪动，它都是太原的靠背。这六区一县依靠着太行、吕梁交汇的山体，沿着西山总体走向从北向南。早在春秋时期，这里依次就有盂（今阳曲之北）、晋阳（今晋源区）和梗阳（今清徐），晋阳居中掌控。相比之下，作为东边太行山脉分支的系舟山，连绵铺陈，则更像太原凭眺北方的栏杆。即使到了北宋太平兴国年间古晋阳城被毁弃而迁建新址，太原重心向东北移动，这一城市关系大格局依托西山的总体形势依然没有变化。

以太原各区为腹，经络从这里延伸，联通方山、静乐、忻州、盂县、寿阳、榆次、太谷，以及汾河两岸的祁县和文水（图1-1-02）。

腹地之内，无山峦阻隔。只是老人们说，汾河六里宽，旧时汛期大水漫漫，反倒造成了一定的阻隔。舟楫渡河（图1-1-03）、肩舁涉水（图1-1-04）的方式少说也延续了几千年；汾河晚渡的景象，上推至北宋赵光义驱赶着晋源的民众搬迁到今天的市区，想来也并不过分；至于河上的木桥（图1-1-05）则可以追溯到阎锡山主政山西时期。

太原盆地的平夷和繁盛，让一切匠作门派之间混杂借鉴、互相学习成为日常。甲方的意见是调和鼎鼐的核心；时尚或许是匠人，也更可能是主人从遥远的什么地方带回来的，时尚的指纹也许只藏在榫卯里面，而表面却是一个麻一样的谜团。

## 西北山路

[右页图]
图1-1-02
清乾隆五十九年
《晋省地舆全图》
大英图书馆藏

怎么连缀起娄烦和古交呢？除了今天政治经济大策决定行政辖区之外，一定要提到汾河水系，以及与此相关的古道。这也正是娄烦、古交和太原市区相互滋养和带动的纽带。

晉省地輿全圖

图 1-1-03
《阳曲县志》"汾河晚渡"图版

图 1-1-04
太原，汾河上的渡夫
《近代中国分省人文地
理影像采集与研究：山
西》第 228 页

图 1-1-05
太原，汾河上的木桥
《近代中国分省人文地
理影像采集与研究：山
西》第 29 页

今天从太原到娄烦，可以先上去古交的高速公路，钻过西山隧道，到达古交后再拾取国道 G241，沿着汾河曲折向西北而行，驱车总共不过两个小时。溯着汾河奔向古交和娄烦，沿途不乏人烟，古今皆选此路，路上古遗址非常密集。同样是借助河流的滋养和便利，娄烦境内主要古代遗迹的分布，总体上是在溯汾河去静乐一线、溯汾河的支流涧河一线，以及汇集成涧河的西川河与南川河流域近旁。我们走过的娄烦三教寺和观音寺讲述的都是古代匠人溯汾河而行的往事。

古交，就是后来指称唐天授二年（691）之前的交城。山谷河流，盈涸有时，择途有变，古交古老遗迹也往往依着这个经脉分布：从东往西最主要的汾河支流要数大川河、原平河，还有流经马兰、屯村而得名的兰屯河。本书选为代表案例的千佛寺，原址和搬迁后的今址都在距离大川河汇入汾河口不远的地方。

但是，从古交到太原，古人交通的艰辛则远超我们的想象。要知道，顺汾河一路而下，过了河口镇便不是坦途。古交境内的石千峰名不虚传，推着汾河向东北迂回。两岸陡峻，溶洞深峡。在 1996 年汾河二库建成之前，这里想必峰壑落差更甚，路途更加险恶。如今就在二库大坝下游不远，还有悬泉寺。此地曾是明代晋王府"柴炭之地"[1]；抬头尚可遥望古栈道点缀在半山腰间。扯远一点，虽说太原西山有"九峪"之说[2]，流水山谷条条，但是并非峪峪通达。想发现真正在历史上引导着匠作来往于太原和吕梁山诸县之线索，尚须再寻路径。

若要绕开石千峰，必定还是要踏上照片中那样的石板道路（图1-1-06）。真想问一问，这些挈妇将雏的人们，是不是身怀着木作的绝技，他们选择的是今天的省道 S104 一线抑或太古路一线？前者穿山蜿蜒而行，走出西山，拾玉门河走向今天的太原市中心；后者先从古交取道汾河的支流大川河南下，再于山间盘桓，东出太原西山太山之风峪，举目便是古老的晋阳城了。按照清雍正《太原县志》的记载："风峪山，县西十里。路入交城、楼烦。唐北都西门之驿路也。"[3]

若要从古交转而南下清徐，便可以依然先走太古路，但须逆着大

川河继续前行，翻山之后，寻得白石河而下即可。这条路就是今天的省道 S316。

图 1-1-06
山西山路上的旅者
《近代中国分省人文地
理影像采集与研究：山
西》第 231 页

## 阳曲北上

　　从太原城区北上，今天的高速公路分成两股——西侧平临高速奔静乐，东侧二广高速去忻州，阳曲县境域涵盖了整个这片区域。细究之，旧时道路则是西有险要的天门关，沿着凌井河以及偏东一些的泥屯河等河谷，通忻州西八县[4]；东有把守官帽坮两翼连接忻定盆地要道的赤塘关和石岭关，通忻州东六县[5]。

图 1-1-07
阳曲净居寺鸟瞰
刘天浩摄

图 1-1-08
阳曲净居寺残存
碑刻之弥勒造像
刘天浩摄

自从北宋时阳曲县治所移入太原府城，今天县域内就难再有官府的主动大规模兴造木结构建筑的机缘了。与交通要道相关的关隘、堡寨、集镇之外，风景名胜与阳曲县的渊源，除了传说中唐玄奘曾经驻足的三藏寺和净居寺（图1-1-07）之外，似乎也并不深厚。值得补充一下的是走访净居寺所见到的一通造像碑，比丘题名，碑首弥勒形象头冠高耸，宝缯支起后下垂，造型或可上溯至东魏，足见寺院年代之古远（图1-1-08）。

那么，后来这里平民小群体的工地就一定很平静吗？所见真的令人惊叹。阳曲地区的明代建筑——大王庙和轩辕庙大殿，规模内敛之中，却透出匠人驾驭更大尺度建筑的高超技巧。这是一个必须展开探讨的话题。

# 清徐南下

今天的自驾者都知道，从太原盆地沿汾河南下，分别从左右两岸的太原府和晋阳城到达清徐之后，南北走向上汾河西岸的一条主路连缀交城、文水和汾阳，汾河东岸的另一条则是过祁县、平遥去介休。在需要依靠舟楫或桥梁来跨越汾河的东西走向上，文水—祁县、汾阳—平遥、孝义—介休之间，也各有次要道路联络。古代的交通大抵如此。古交到交城固然有崎岖山路可走，但人们大多还是会走太古路到清徐，可见地势平坦的清徐确实是太原南下的交通枢纽。

徐沟自金大定年间从清源县分离出来，二者地位便涨落有因，清乾隆朝以来，徐沟显得更重要些。[6] 悠久的历史本应为今天留下丰厚的遗产，可惜动荡岁月并没有我们希望的那样仁慈，老城墙、老衙门不见了踪影，只剩下几处孤零零的院子。

清源在汾河西边，还有了靠山。香岩寺、狐突庙、清泉寺便沾了山势山色的光，虽没到人文渊薮的地步，但千百年来香火鼎盛。清源县的文庙、武庙、宝梵寺就在山脚下不远。比起"五角四阳城"[7] 城墙所经历的水灾人祸，比起衙门因身份时高时低最终罹难的转折遭遇，文武二庙则是见证县城过往的一"长"一"少"两位幸运老者(图1-1-09)。[8]

徐沟在东边，交通上更靠近太谷和榆次。在这个区域内，北有潇河，古称洞过（涡）水——明初还建有洞涡驿[9]；南有象峪河，古称蒋谷水。尽管河流入汾改道频繁[10]，但徐沟平坦的土地还是得到了充分的滋养。也许是因为战乱、人祸，重修庙宇的热浪反而使这里真正的古迹所剩无多：老县城里的文庙和城隍庙并排坐在一起 (图1-1-10)；象峪河畔的尧庙和半埋在地下的残墙、护城河，勉强证明着尧城的存在。

图 1-1-09
清源文庙和武庙鸟瞰
刘天浩摄

图 1-1-10
徐沟文庙和城隍庙鸟瞰
刘天浩摄

# 榆次枢纽

从太原略偏东的方向经榆次东向或南下，有潇河和涂河。偏东沿着潇河去的是寿阳，沿着涂河再进山就是和顺；南下过太谷也是进山，是走向榆社、武乡、长治的通道。今天二广高速的一段和 S102 公路，借助了古老的通道，山中榆社以后的道路伴随的就是浊漳北源。

本书不会深谈榆次的繁盛，但是不能不说走向中原路线的重要。太行山横亘在河北平原和山西高原之间，绵延千里，峰峦叠嶂，沟壑纵横，是山西与中原地区重要的地理分界线，由南而北，沁河、丹河、漳河、滹沱河、唐河、桑干河等形成几条穿越太行山的峡谷，出山西抵达周边地区。于是，那些因山水系统而天成，因历史人文而通达的省内、晋冀、晋豫联系路径，便成为考察山西地方文化与核心区域文化之间关系的重要线索。很多学者都注意到历代的山口要道，如"太行八陉"[11]，或河流及其流域，如浊漳河故道[12]，或综合隘口与河谷及其交通史，并开展讨论[13]。其中有代表性的是"太行八陉"——"是山凡中断皆曰陉"，站在中原看山西的角度，晋人郭缘生在《述征记》中说："太行山首始于河内，北至幽州，凡有八陉。"八陉从南算起分别为：

1. 轵关陉，轵为战国魏城。轵关陉在济源市西 5.5 千米处，形势险峻，自古为用兵之地。

2. 太行陉，在今河南省沁阳市西北 17.5 千米处；沿陉北上太行，在山西省晋城之南的太行山麓，有关名曰"太行关"。沿陉南下，可抵虎牢关。

3. 白陉，在河南辉县市西 25 千米处，是现存最完整的一条古道。经此陉可南渡黄河，东至大名，北抵安阳、邯郸。

4. 滏口陉，在今河北省武安市之南和磁县之间的滏山，沟通山西与河南安阳、河北邯郸。

5. 井陉，又称土门关，在今河北省井陉县东的井陉山（今属河北石家庄市鹿泉区）。

6. 飞狐陉，位于今河北省涞源县北和蔚县之南，进逼幽、燕之地。

7. 蒲阴陉，在今河北省易县西紫荆岭上。山岭有关隘，宋时称金陂关，元、明以来称紫荆关，是西达山西大同的军事要隘。

8. 军都陉，在今北京市昌平县西北之居庸山，是出燕入晋北关联塞外的咽喉之路。

北魏郦道元曾经多次引用《述征记》但并未提到太行八陉，明代的《徐霞客游记》中也找不到关于太行八陉的记述，直到明末清初，顾炎武、顾祖禹、戴震、段玉裁等人方有针对性的研究和考据。对于太原而言，对应中原的最直接的地方是井陉，二者之间正是榆次、寿阳、阳泉的连线。

从这里回头看太原，真是一路感慨，深切感到地形、水系的力量，更是人的力量；一望尽是城市的兴废，以及城市之外广袤的乡村和因城市而受到世代品味的自然山水。长久凝视中，则淡淡浮现出那些辗转谋生的匠人的身影，隐隐约约地还有挑夫的号子，和风雨欲来前低声的祈祷（图 1-1-11，图 1-1-12）。

图 1-1-11
黄土塬中的牛车
《近代中国分省人文地理影像
采集与研究：山西》第 111 页

图 1-1-12
木匠的背影
Sidney Gamble 摄

# 匠人印象

《管子·小匡》："处工必就官府……今夫工群萃而州处，相良材，审其四时，辨其功苦，权节其用，论比计，制断器，尚完利，相语以事，相示以功，相陈以巧，相高以知事。旦昔从事于此，以教其子弟，少而习焉，其心安焉，不见异物而迁焉。是故其父兄之教，不肃而成；其子弟之学，不劳而能。夫是故工之子常为工。"[14] 匠人的世界应当远远不止这么简单。

## 大貌

有这张照片记录的那样的作坊（图1-2-01）和长久需要照看的庙堂，

图 1-2-01
木匠铺内景
Sidney Gamble 摄

更有师徒口耳相传的规矩，所以，相对稳定的匠作基因传承了下来。《梦粱录》里说："市肆谓之'团行'者，盖因官府回买而立此名，不以物之大小，皆置为团行，虽医卜工役，亦有差使，则与当行同也。然虽差役，如官司和雇支给钱米，反胜于民间雇倩工钱，而工役之辈，则欢乐而往也。其中亦有不当行者，如酒行、食饭行，而借此名……其他工役之人，或名为'作分'者，如碾玉作、钻卷作、篦刀作、腰带作、金银打钣作、裹贴作、铺翠作、裱褙作、装銮作、油作、木作、砖瓦作、泥水作、石作、竹作、漆作、钉铰作、箍桶作、裁缝作、修香浇烛作、打纸作、冥器等作分。"[15] 作坊里的样子或许如此。

顺着基因的比方，与理解遗传和变异之间的关系一样，在中国古代手工业大背景下观察营造业的匠人得寻找那些特征性状隐藏下的特征基因。这些特征大致是隐藏得越深越可靠、用心越苦越持久。我们希望理解匠作传承、交流和发明，并借此打开照亮匠人世界的一扇窗。

回到本书的任务，手头太原地区古代营造匠人的名单来自于各处碑刻和题记。最有力的支持当然是《三晋石刻大全》《明清山西碑刻资料选》[16]。晋源的资料取自《晋祠碑碣》[17] 和我们在晋源老城走访时的读碑记录。清徐的碑刻，要真心感谢当地文史学者整理出来的《清徐碑碣选录》[18]。阳曲之地，除去《三晋石刻大全》收录到太原市中心和北部各区的碑刻之外，走访今天阳曲境内古迹也是我们重要的信息来源——根据观中文化有限公司协助阳曲县政府所做的调查记录，县域内现存碑碣逾千通，大部为寺庙营造记事，绝大部分散落于野外未得记录。按照这个规模推算，《三晋石刻大全》如果真成长为"大全"，其容量无疑将是现在的十倍以上。

另外，必须说说启发。交叉学科的论述及其映射到我们关心的话题之上的光芒，是我们摸索动笔的指引。这些论述包括傅宗文先生的《宋代草市镇研究》[19]、乔迅翔先生的《宋代官式建筑营造及其技术》[20]、安介生先生的《山西移民史》[21]、徐东升先生的《宋代手工业组织研究》[22] 等。

一转眼，数月的秉灯夜读，数月的躬碑识字，不禁遗憾信息的庞大和零散不全，同时感叹它背后故事之丰富，足以作为长篇小说的素材。扣除那些完全无法辨认的名字，我们记下了 309 位石作匠人[23]、201 位木作匠人[24]、128 位瓦作匠人[25]、129 位彩画匠、16 位金妆塑匠、75 位铁匠、41 位阴阳生的名字。对于古代匠人的印象，逐渐不再模糊如昨。

## 从石作窥全豹

扩大视野的第一步，是把太原地区五行八作的匠人都算上，感受一下那个阶层的状态。也许因为信息主要取自碑刻的缘故，其中石匠的名单最长——宋辽金时期 5 人，元代 9 人，明代 122 人次、105 人，清代 247 人次、190 人。我们参考史料年代和地理位置对同名同姓者进行了归并，以表格呈现，收入本书附表[26]。

这跨度 1000 年、分布在近 7000 平方千米范围内的近 300 位知名匠人、15 个匠人家族密集出现在明清两代，折射出明清两代的一些匠作传承和交流信息，从中至少可以看出以下五个现象：

1. 石匠称谓和分工复杂，存在造作石匠和刻字石匠的差别。如明嘉靖十八年（1539）的娄烦《重修太子禅寺造佛垒台之记》中落款者有刻字的田仲才等人，亦有从事其他工作的本地石匠范景秀等人，到了嘉靖四十年（1561），郝进相墓塔上本地石匠范景库则成为了篆字人。或者是范家的师傅们学习了文化，所以地位提高；或者仅仅是石作工艺相通之原因，他们只不过是熟练了双手、熬够了年头。

2. 不管怎么说，铁笔篆字，刊字石匠与一般石匠还是存在差别的，一方面是手艺，更主要的是自身文化素养。因此，刻字石工相应地具有独特的基本技术和传承模式。如武威安瓦族、房山云居寺匠群[27]。同时以曲阳石工为代表的石雕匠群则应区分看待——由于名声和名声带来的需求，这个群体也许会自行形成文化素质方面的入门门槛。上文所收录的匠人之中，两则信息值得单独说明：

其一，清康熙间晋源段绰（亦作"缯"，字叔玉），太原县学生员，得傅山指导，刊刻作品以《太原段帖》为代表。

其二，明嘉靖三十七年（1558）的娄烦《授南京嘉议大夫王公墓碑》中出现的崞县石匠田仲库的本地门徒闫珩，在隆庆二年（1568）的娄烦《王希曾墓碑》中落款是"本县儒学生员闫珩书"。闫珩从石粉灰尘满头变得书卷之气扑面了，憾不知其后学业之途坦荡否。

3. 从不同时代的社会关系上看，无论在匠籍严明的明代还是在厂商发达的清代，附表中匠人信息都大量反映出父子相承的从业模式，而明确记载的异姓师徒则难以从中明确判断从业模式。家族内部授业之故，或可侧面说明匠作技艺传承比较充分和稳定。

4. 从已知的 15 个匠作家族集中在明清两代这一信息中，我们可以明确他们从业的时间，却无法准确得知他们留下的家乡地址是他们终究要返回的定居地点，还是已经在现在的从业地点落脚生根，亦或刻下的籍贯只是对于家乡深深的牵挂。于是我们只能在此做以大体归纳：在原籍从业的家族有娄烦范家、娄烦张家、阳曲赵家（阳曲与外乡兼有）、阳曲白家、阳曲苗家、娄烦巩家，在异地从业的则有崞县田家、稷山王家、阳曲赵家、兴县牛家、崞县姚家、徐沟药家、崞县张家、稷山宁家、稷山岳家、崞县王家。其中崞县和稷山无疑是两个很有代表性的石匠来源地，碑文中反应出来的在群体中的地位也相对较高。

5. 应当不是巧合，近现代以来，现存于晋祠的清咸丰六年（1856）《重修芳林寺碑记》落款为"铁笔""德玉石厂"，它是太原地区的一通以厂商名号落款的碑记，配合上我们在周边地区调查的榆次"仁义石厂""万和石厂""万盛厂""兴盛石厂"、太谷"同心石厂"、文水"三和厂""德顺石厂"、孝义"义盛厂"等史料线索，可以侧面说明清代晚期石匠从业模式的情况，值得特别注意。

## 回到木匠

赫赫有名的山西古建筑的设计和缔造者是大木匠。木匠是古代营造业的核心角色。与顶端石匠的文人特色不同，木作的核心技艺体现在工程统筹能力、空间想象能力、几何算术能力上，匠帮和流派差异问题更加复杂。那么从现存史料管窥，太原地区大木匠之中是否存在如崞县、稷山石匠这类特别受到尊崇的外来群体呢？还是本地木匠完全能够应付当地之需？

保存在山西的古建筑可以追溯到唐代，但是谈及落实到石刻证据之上的山西及周边省份木匠的名字，我们迄今找到的与太原间接相关的最早的记录则是在辽穆宗应历十七年（967）刊刻的《故盖造君绳墨都知兼采斫使太原府王君仲福墓志铭并序》[28]，说的是五代后唐时的"盖造军绳墨都知兼采斫务使"王仲福（875—934）的生平。墓志里说：

> 府君讳仲福，燕人也。其先出自姬姓……今琅琊、太原皆其胤也……府君生禀粹和之灵，长擅奇巧之事。长兴中遇幽州都督北平王，重开碣馆，载峻金台。闻其度木之能，授以抡才之用，擢补充盖造军绳墨都知、兼采斫务使。府君乃明目当职，强力奉公。无弃木之心，有从绳之义。求栋梁于幽涧，构台榭于严城。人士骇其异能，匠者推为师长。无何，膏肓有疾，药饵无征，去唐清泰元年前正月二十八日寝疾于家，奋然长逝，享年六十……
>
> 有男三人；长曰廷珪，充蓟州衙内军使；次曰廷芝，充盖造军都指挥使；次曰廷美，未仕……

于是经常梦想，可以在某处大木构架的隐蔽处再次看到王仲福或是王廷珪的名字。他们这一家族的"奇巧"之处到底在哪儿呢？

与王仲福营造北平王王处直府邸一举成名不同，大型官方工程其实不总是依赖于一家大木匠，更常见的反而是按照法度规矩集合不同来源的匠人进行实施。施工期间必然存在着技术交流，交流而得的营造技术将会随匠人的回归流布到不同地域。北宋时期，耗费累年国家收入的玉清昭应宫堪称这一类事件的代表。[29] 当时的建设曾大量征调淮南诸州工匠。若再加上浙东喻浩、杭州杨琰和杨琪等颇有影响力的江南名匠在汴京地区执业的记录，江南木作技术在汴京地区的流布与江南匠人在汴京地区的行踪就大致可以形成互证了。征调民匠的方式一如岳珂在《愧郯录》中所说，今世各类木工都由官府记录在案，"鳞差以俟命"[30]——也就是排着队谁也别跑。这里所言虽是南宋的情况，但历朝历代如遇较大的官方工程如此鳞俟着，民匠、民夫轮番供役当属最为常见的情况。[31] 即便是清代取消了匠籍，官家、国家、皇家的工地也必是最好的技术交流会。

官方营造作为最大的背景板，在同一较短时期，同一较小地域内，营造技术的差异与不同匠人团队可能存在关联——有的做法高度相似，近乎同门，甚至同一团队；有的则差异巨大，团队之间甚至可能存在竞争关系。

放眼整个山西，相近者可列举的有高平的开化寺大殿和资圣寺毗卢殿，二者直线距离约 30 千米，建造年代相差约 9 年；陵川的梁泉龙岩寺前殿与西溪二仙庙后殿，二者直线距离约 6 千米，建造年代相差约 10 年；太原的晋祠圣母殿与晋祠献殿，相距仅几十米，年代差距问题则值得另行探讨。要追踪匠人行踪，还得借助人名留下最多的石作匠人。他们的日常营生在距离几十里至二三百里不等的范围内，还能幸运地找到同一石匠的多个作品存世的案例，更有如陵川梁泉龙岩寺和西溪二仙庙在金大定年间的石匠均为秦姓和申姓匠人组合的情况，这令人浮想联翩。

木构差别显著但地理和年代跨度却不大的，则比如高平资圣寺毗卢殿、晋城青莲寺释迦殿、平顺龙门寺大殿、长治长春村玉皇庙前殿、晋城南村二仙庙大殿、泽州河底成汤庙大殿。他们的斗栱下昂造设计非常不一样，但是这六例最远直线距离也就 120 千米，建造年代最大时差约 25 年；再有，泽州的坛岭头岱庙大殿、高平的王报村二郎庙戏台、长子的下霍灵贶王庙大殿，下昂造设计差别明显，但是这三例最远直线距离约 50 千米，建造年代最大时差约 10 年。由此能够窥见当年有众多不同匠派同时存在的面貌。

时间和地域的视野再放宽一些，尤其是那些和平的岁月，营造技术的地域性特征可能与民间匠人的日常营生范围有关。人口密度不高的时候，要养活家人和徒儿们，匠人大概就要奔波得更远些；反之，家门口的业务或者就能保证其小康的生活。总体上说，匠人活动的地域轮廓大致是他所在的和近邻的府州县范围。还是借助石匠史料，晋中晋南地区北宋淳化二年（991）至元中统五年（1264）的石匠团队至少有 140 个。同一姓名出现在不同地域的不同建筑上。营生范围较大的石匠已知工作地点间的最远直线距离在 90 至 130 千米之间。[32] 但是到了清代，或许是山西人口增长的原因，一方面出现了盛产工匠之地大量对外输出的情况，另一方面又出现一旦定居下来，匠人奔波的冲动似乎大大降低了的情况。

至于那些朝代更迭的动荡年代，难民、移民裹挟着匠人进行流动就在所难免了。大致梳理一下晚唐以来的这类情况：黄巢起义期间，有大批官民向以河中地区为主的山西南部避难；五代的时候，一是契丹人对山西中北部工匠的掠夺，一是宋与北汉打仗时对人口的掳掠与招降，形成至少 25 万移民，主要安置在河北、河南、并州周边州县；宋平定北汉后，辽雁门边界曾有 1 万余戎人归附；宋咸平五年至景德元年（1002—1004），西夏有两万余户（约 10 万人）东渡黄河归附河东，主要安置在今吕梁地区；"澶渊之盟"约定宋、辽互不接纳逃亡人员；金灭辽后，金人于天辅年间（1117—1223）曾移山西诸州之辽民以实上京和浑河路等地；辽末战乱间又可能有四五十万的雁北汉民南逃入宋；靖康之乱，忻、代一带南逃民户较少，晋中、晋南大量人口南逃；金于 1130 年抓捕河东、河北流亡之民驱集于大同；金与南宋对峙之后，实行了不接受对方逃民的议和条款；南宋绍兴年间，汉民北归颇多，河东南渡回归者亦当不少；金末丧乱，"贞祐南渡"是一次规模较大的移民事件，也有很多山西平民据山险而未迁；蒙古攻入河南灭金后，又引发了河南之民的"壬申北渡"；元朝大规模迁徙造成匠作洗牌之后，元末战争在山西地区的影响相对轻微，随后明洪武时期的山西人口大规模迁出则受到后来历代的关注，相比之下，后来天灾、边祸引发的流民潮[33]和奔波异乡的经商移民的影响就都说不上巨大了。

人口在和平时期的流动以及动荡岁月的迁徙，都能造成宋代《营造法式》、明代清代官式做法的普及。在具体案例中，我们忐忑于避免过度解读，但也尝试着偶尔畅想一下。

回到太原地区，在细读《三晋石刻大全》《晋祠碑碣》《清徐碑碣选录》，以及在走访中所做的笔录和零星收集的史料中，我们汇总了一份 207 人次、凡 201 人的《太原地区木作匠人略览》（参见本书附录 1–2 ）。

这份名单中的一些现象，鼓动着我们做出以下的推测：

1. 从数量最多的民间工程碑刻情况来看，早期碑刻稀疏，未见高水平木匠常驻一乡一村便安于生计的记载。

清代出现了临近乡村共用木匠的现象，如康熙末年，古交河口镇崖头村观音庙、龙王堂都聘请了榆次木匠王宝；乾隆末年从业于崛崛山一带的常义，以及再晚近一些的在阳曲县从业的郝敦有、史秀成、李恭等人或他们代表的家族。

2. 与石匠名单中大量标注有石匠家乡来源信息的现象不同，千年跨度之间，木作匠人名单中仅有 13 处明确记载了匠人的家乡来源。现有资料难以支撑我们做追踪木匠学业、从业轨迹的工作。这 13 处记载中木匠的来源地有 9 个，汾州出现 2 次，岚县出现 2 次，清源出现 2 次，榆次出现 2 次，阳曲、忻州、文水、寿阳、太谷各出现 1 次。这些还是无法提供更多的路径线索。

3. 通过木匠姓名特点，可以推测一些家族式木匠群体的存在，代表者如明嘉靖至万历年间相去 80 余千米的娄烦太子禅寺和阳曲西北部三藏寺的任家 [34]，直到清康熙十一年（1672）三藏寺匠人名单中还有任姓的身影。又如阳曲一带的孟姓匠人，出现在明嘉靖十六年（1537）轩辕庙的碑记中 [35]，次年太山工程中也出现了孟寿的名字 [36]，清康熙四十六年（1707）轩辕庙工程中又有了孟方的名字 [37]。再如，清道光咸丰年间，史秀成、史应成兄弟先后参加了阳曲县镇城关帝庙、圣母庙工程 [38]。

# 案例标签示例

| 地点 – 建筑群 – 建筑 | | | |
|---|---|---|---|
| 指征建造年代 | XXXX<br>（可多填） | 指征建造行为 | 创建 / 重建 / 重修 / 搬迁<br>（可多选） |
| 现存碑刻数量 | X（已知）/ X（掩埋等） | 现存题记数量 | X（已知）/ X（覆盖等） |
| 等级规模 | 官方 / 名胜 / 民间 | 指征匠作信息 | 匠人籍贯、姓名等 |
| 特殊设计 | 体现在环境、布局、功能、<br>形式等方面 | 特殊构造 | 体现在构造、工艺、工具、<br>材料等方面 |

　　兴衰变故，使人无法继承所有的遗产，历史的尘埃慢慢将前辈的骸骨掩埋。历数今天的古建筑遗产，古代寺庙祠观一类的公共建筑支撑着其中的绝大部分。比起民居，寺庙祠观无疑在使用和磨损、呵护修缮和灾害毁弃之间，达到了更好的平衡点，坚韧地续命至今，同时也肩负起展现当地当年最高建造水平的使命。古建筑通览固然是撷英的事情，但是若是不得体会花园的繁盛，又怎么能感叹春天呢。所以我们把古道走了又走，再加上书本引发出来的想象，把它们汇集在一起，数据量大到需要给自己配一个"外脑"。为了"外脑"检索便利，又需要给每个案例加一个标签。这个标签的作用是在记录基本信息之外，理解并标记各案例的深层信息，主要涵盖四个方面——案例名称和现有研究对于建造年代的认知、题记及碑刻类文字史料保存状况、

综合地理人文情况对于建设等级规模的判断，以及从专业的角度来看该建筑是否存在特别的设计或做法。

在以下通览当中，每一个案例都将贴上这么一个标签。依据我们现有工作的深度，标签中所填写的数字——比如碑刻数量、题记数量，还有判断——比如说某种做法，只是我们看来的特殊，而很可能被未来的研究证明是常见而普通的。诸如此类，都还是初步的信息择要汇总。把这些标签列出来和大家共享，客观的作用是便于检索，主观的目的则是把我们自己幼稚的想法赤裸地拿给未来的研究者，等待以后新发现的累加，以及在体例上的修正。

### 注释

1. 参见山西河湖编纂委员会：《山西河湖》，中国水利水电出版社，2013，第 40—42 页。
2. ［清］刘大鹏：《晋祠志》。
3. ［清］沈继贤，雍正版《太原县志》。"楼烦"，今娄烦。
4. 宁武县、静乐县、神池县、五寨县、岢岚县、河曲县、保德县、偏关县，为西八县。
5. 忻府区、原平市、定襄县、五台县、代县、繁峙县属于东六县。
6. 清乾隆二十九年（1764），清源降为乡，隶属徐沟县管辖；民国二年（1913），恢复清源县建制，四年降为镇，属徐沟县；民国六年（1917）恢复清源县；1952 年，清源、徐沟合并为清徐县。
7. 《清源乡志》卷一；另参见罗德胤、黄靖：《晋中清源城》，清华大学出版社，2013，第 5 页。
8. 清源文庙，金；清源武庙，清。参见《中国文物地图集·山西卷（下）》。
9. 《永乐大典》辑本，杨淮点校：永乐《太原府志》卷五《公署》，《太原府志集全》，第 108 页。
10. 《清史稿·地理志》："洞涡水至榆次入，经太原，复入县西，左纳乌马及象河入焉。"
11. "太行八陉"之说首见于［晋］郭缘生《述证论》。关于"太行八陉"与古代建筑遗存之间关系研究近年来呈现逐渐增加的趋势，有代表性的有：王尚义：《刍议太行八陉及其历史变迁》，《地理研究》1997 年第 1 期，第 68—76 页；周学鹰、张伟：《山西南部早期建筑奏响中国土木工程保护华章》，《中国文化遗产》2010 年第 2 期，第 22—37 页；张祖群：《"太行八陉"线路文化遗产特质分析》，《学园》2012 年第 6 期，第 27—31 页。
12. 如：聂磊：《浊漳河流域的文化遗产》，《文物世界》2012 年第 3 期，第 44—48 页。
13. 如：李广洁：《先秦时期山西交通述略》，《晋阳学刊》1985 年第 4 期，第 48—51 页；李广洁：《秦汉时期的山西交通》，《晋阳学刊》1991 年第 2 期，第 16—21 页；李广洁：《魏晋南北朝时期的山西交通》，《晋阳学刊》1989 年第 6 期，第 54—57 页。
14. 管仲：《管子》，李山、轩新丽译注，中华书局，2019 页。
15. ［宋］吴自牧：《梦粱录》卷十三团行，三秦出版社，2004 年，第 191 页。
16. 张正明、科大卫、王勇红主编《明清山西碑刻资料选》第 1 辑，山西人民出版社，

2005；《明清山西碑刻资料选》续 1，山西古籍出版社，2007；《明清山西碑刻资料选》续 2，山西经济出版社，2009.

17. 太原晋祠博物馆编著《晋祠碑碣》，山西人民出版社，2001.

18. 李中、郭会生编《清徐碑碣选录》，北岳文艺出版社，2011.

19. 傅宗文：《宋代草市镇研究》，福建人民出版社,1989.

20. 乔迅翔：《宋代官式建筑营造及其技术》，同济大学出版社,2012.

21. 安介生：《山西移民史》，山西人民出版社,1999.

22. 徐东升：《宋代手工业组织研究》，人民出版社,2012.

23. 石作匠人一类，含碑刻中出现的不同称谓或细分专业，诸如石匠、刻石人、玉工、琢玉人、镌刻人、刊字人、铁笔匠等。

24. 木作匠人一类，含碑刻中出现的木匠、木工、木泥工等。

25. 瓦作匠人一类，含碑刻中出现的不同称谓或细分专业，诸如砖匠、瓦匠、琉璃匠、窑匠、券窑匠、泥匠、泥水匠、水泥工等。

26. 表格中未经说明史料来源者来源均为《三晋石刻大全》《晋祠碑碣》《清徐碑碣选录》。

27. 参见：阙铎：《金石考工录》，中国书店，1993；曾毅公：《石刻考工录》，书目文献出版社，1987；刘汉忠：《石刻考工录》续补，《文献》1991 年第 3 期；程章灿：《石刻刻工研究》，上海古籍出版社，2008.

28. 向南等辑注《辽代石刻文续编》，辽宁人民出版社，2010 年，第 8 页。

29. 据《续资治通鉴长编》和《宋通鉴长编纪事本末》：北宋大中祥符元年（1008），真宗下诏建玉清昭应宫以奉天书，祥符二年始建，祥符七年十月建成。此为北宋官方最大的营建工程，殿宇总计 3610 楹，计划 15 年功，实际仅用 7 年。工匠情况大致如下：起初，更易基址恶土，曾"日役工数万"；祥符二年（1009）五月诏八作司不须兼领昭应宫的建设，七月诏"昭应宫隶役禁军，自今每月更代厢军"；又"尽阔江南巧匠遣诣京师"；六年（1013）四月"诏淮南诸州应缘玉清昭应宫所差民匠月给其家米一石"；工程要求甚严，"屋宇有小不中程，虽金碧已具必毁而更造"；宫成，"军校工匠第迁者九百一十三人"。另有《宋九朝编年备要》记载"宫宇总两千六百一十区""屋两千六百余楹"。

30. [宋]岳珂《愧郯录》："今世郡县官府营缮创缔，募匠庀役，凡木工率计在市之朴斲规矩者，虽居楔之技无能逃。平时皆籍其姓名，鳞差以俟命，谓之当行。"

31. 单士元：《明代营造史料》，《中国营造学社汇刊》第四卷一期，1933 年 3 月。

32. 和郁、任倪、秦衍、吴光远、苏明五人，和郁籍贯为汝南，自称"前刻御书"，在北宋中前期活动于河南北部和晋东南地区；任倪在北宋后期活动于晋中与晋东南北部；秦衍在金代中前期活动于晋东南地区；吴光远、苏明在金末元初活动于晋西南地区。

33. 王建华：《山西灾害史（上、下）》，三晋出版社，2014.

34. 前者中"□城北村木匠任廷相　男任堂　任千　任萬"见于《三晋石刻大全》所收录娄烦石峡沟原石峡寺院内《重修太子禅寺造佛垒台之记》，后者中"鲁班任添相　男任荣任安"见于走访所录阳曲泥屯镇三藏寺唐僧宝塔碑记。

35. 阳曲轩辕庙现存《重修轩辕圣祖之记》。

36. 明万历八年（1580）记嘉靖十七年（1538）事，《新建太山观音堂记》。

37. 阳曲轩辕庙现存《轩辕圣祖庙重修碑铭志》。

38.《重修永安堡记》，道光二十四年（1844），载于《三晋石刻大全·太原市尖草坪区卷》。

「古老的线索

　　粗略地以有元一代战火下的人口流动、匠作洗牌为分水岭，山西木结构古建筑的情况，特别是太原的情况，虽然与全国的大貌有所差别，但也可以大致划分为早期建筑和对应着西方文艺复兴时代的晚期建筑。太原木构相对于其他受元大德七年（1303）地震影响略小的地区，其早期建筑并不集中。因此，本章的核心任务便是建立太原早期木构建筑和其他地区的关联（图2-0-01）。关联的是特征，是做法，是设计方法，所以会涉及拗口的名词和艰深的术语。其实，在这层拗口和艰深的表皮下掩盖的还是匠人的趣味和偏好，是他们在山西版图、全国版图上可能走过的足迹，或是那些趣味和偏好随着口传心授的余音掠过时空的踪迹。

[右页图]
图 2-0-01
晋中晋南地区宋金下昂造斗栱
匠作亲缘图示
赵寿堂绘

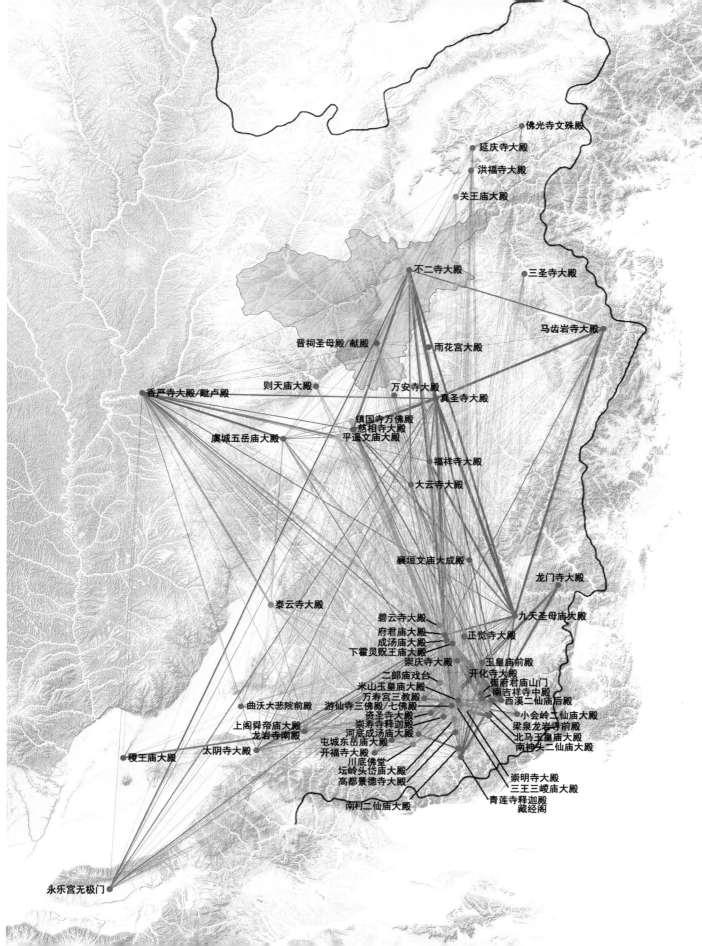

佛光寺文殊殿

延庆寺大殿

洪福寺大殿

关王庙大殿

不二寺大殿

三圣寺大殿

马齿岩寺大殿

晋祠圣母殿/献殿

雨花宫大殿

则天庙大殿

万安寺大殿

香严寺大殿/毗卢殿

真圣寺大殿

镇国寺万佛殿

虞城五岳庙大殿

慈相寺大殿

平遥文庙大殿

福祥寺大殿

大云寺大殿

襄垣文庙大成殿

龙门寺大殿

泰云寺大殿

九天圣母庙大殿

碧云寺大殿

府君庙大殿

正觉寺大殿

成汤庙大殿

下霍灵贶王庙大殿

崇庆寺大殿

玉皇庙前殿

二郎庙戏台

开化寺大殿

米山玉皇庙大殿

崔府君庙山门

万寿宫三教殿

南吉祥寺中殿

曲沃大悲院前殿

游仙寺三佛殿/七佛殿

西溪二仙庙后殿

资圣寺大殿

小会岭二仙庙大殿

上阁舜帝庙大殿

崇寿寺释迦殿

梁泉龙岩寺前殿

龙岩寺南殿

河底成汤庙大殿

北马玉皇庙大殿

太阴寺大殿

屯城东岳庙大殿

南神头二仙庙大殿

稷王庙大殿

开福寺大殿

川底佛堂

坛岭头岱庙大殿

崇明寺大殿

高都景德寺大殿

三王三峻庙大殿

青莲寺释迦殿

藏经阁

南村二仙庙大殿

永乐宫无极门

# 1

# 细部与流传
## 晋祠圣母殿

| 晋祠圣母殿 | | | 太原市 |
|---|---|---|---|
| 指征建造年代 | 宋太平兴国九年（984）<br>宋天圣年间 (1023–1032)<br>宋崇宁元年（1102） | 指征建造行为 | 新修 / 重建 / 重修 |
| 现存碑刻数量 | 约 20/ 掩埋情况不详 | 现存题记数量 | 2/ 覆盖情况不详 |
| 等级规模 | 名胜，官修 | 指征匠作信息 | 无 |
| 特殊设计 | ◆ 副阶周匝<br>◆ 殿身前檐四柱不落地<br>◆ 副阶补间用真昂，殿身柱头用真昂 | 特殊构造 | ◆ 昂下用小华头子<br>◆ 昂形耍头上用齐心斗<br>◆ 昂形耍头上开卯口 |

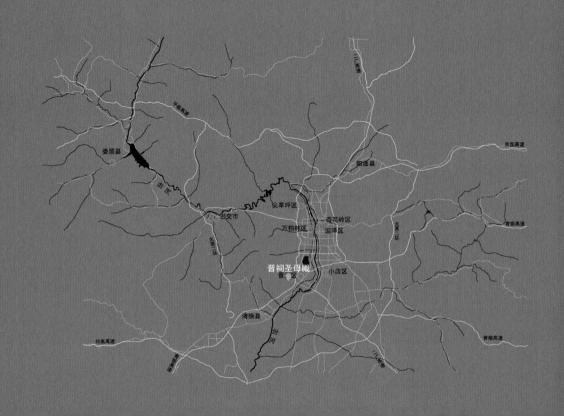

　　1934年夏天，林徽因、梁思成与他们的外国朋友乘暑假之便作晋汾之旅。出于躲避"名胜"的习惯，虽然行程始自太原，梁、林一行却并未作探访晋祠的打算，直到他们在赴汾的公共汽车上抓住车窗外圣母殿"一角侧影"的时刻——"魁伟的殿顶，雄大的斗栱，深远的出檐"（图2-1-01）——才觉得"爱不忍释"。于是下定决心在回程时探访。月余后的探访果然超出了预想，若说第一眼的惊叹只是前奏铺陈，一路展开，由金人台、献殿、鱼沼飞梁、圣母殿组成的圣母庙建筑群便是浓墨重彩之所在（图2-1-02，图2-1-03）。

## 宋代杰作

　　圣母殿为北宋遗构，究其确切建造年代，梁思成先生认为结构与形态均比《营造法式》的规制更为古朴豪放（图 2-1-04 ~ 07）。此说虽为主流，但随着相关史料的挖掘研究，大殿的原构纪年问题仍存争议 [1]。对众说的校雠也好，新线索的挖掘也罢，都需从一手史料开始。

[左页图]
图 2-1-01
圣母殿一角侧影
中国营造学社纪念馆藏

图 2-1-02
晋祠总平面正射影像
孙德鸿、李港摄

宋太平兴国九年（984）《新修晋祠碑铭并序》载："乃眷灵祠旧制仍陋，宜命有司俾新大之。……观夫正殿中启，长廊周布……轮焉奂焉，于兹大备。"

《宋会要辑稿》载："大中祥符四年（1011）四月，诏平晋县唐叔虞祠庙宇摧圮，池沼湮塞……宜令本州完葺。天禧元年（1017）又诏，每岁施利钱物……估直出市以备修庙供神之用。徽宗崇宁三年（1104）六月封汾东王。"

金泰和八年（1208）《郝居简残碑》载："唐叔祠于其南向，至宋天圣中改封汾东王，今汾……加号昭济圣母，今圣母殿者是也。"

元至元四年（1267）《重修汾东王之庙记》载："自晋天福六年封兴安王，迨宋天圣后改封汾东王，又复建女郎祠于水源之西，东向。熙宁中始加昭济圣母号。"

《宋会要辑稿》又载："神宗熙宁十年（1077）封昭济圣母，徽宗崇宁三年（1104）六月赐号慈济庙，政和元年（1111）十月，加封显灵昭济圣母，二年七月改赐惠远。"

韩琦《晋祠鱼池》[2]诗曰："女郎祠下池，清莹薄山脚……"

另有宋元丰八年（1085）吕惠卿《留题兴安王庙》[3]之碑。圣母座椅上有宋元祐二年（1087）施木雕盘龙于檐柱的题记。大殿脊槫下有"大宋崇宁元年（1102）九月十八日奉敕重修"题记。

综合以上史料，可大致形成以下认识：宋太平兴国九年（984）新修晋祠大殿，其址当与今圣母殿同。至大中祥符四年（1011）四月，新修大殿已因山体崩坏而摧圮，殿前池沼亦遭湮塞。至天禧元年（1017）诏令之时，祥符"令本州完葺"之事当已完成，但若金、元二碑所载宋代天圣年（中期或后期）复建女郎祠之说可靠，则祥符"完葺"当在异处（可能即今叔虞祠位置）重建叔虞祠。此后不久（天圣年中期或后期），又在原址上新建了女郎祠，熙宁十年（1077）加封后则改称为圣母殿。建中靖国元年（1101）十一月地震之后[4]，重修圣母殿，崇宁元年（1102）九月功成，历时不足一年。此次重修可能对

[左页图]
图 2-1-03
圣母殿建筑群平面正射影像
孙德鸿、李港摄

图 2-1-04
圣母殿正立面正射影像
孙德鸿、李港摄

图 2-1-05
圣母殿后立面正射影像
孙德鸿、李港摄

图 2-1-06
圣母殿侧立面正射影像
孙德鸿、李港摄

图 2-1-07
圣母殿侧立面正射影像
孙德鸿、李港摄

原构主体形制的扰动不大。需重申的是，今日之大殿是重建、重修、补葺的历史年轮的载体，从大木主体到单个构件的原构认定仍依赖于研究"分辨率"的不断提高。

## 大木品读

花多的笔墨来讨论大殿的原构年代，是赋于匠作技术以准确时空坐标的需要。当我们把相同或相近匠作技术的时空坐标勾连起来时，便在匠人信息之外找到了另一条解读匠作源流的隐秘线索，使我们在惋惜匠人信息随历史长河流逝之际，仍存有追寻匠作踪迹的希望。

回到曾被梁先生以及后来学者着力关注的大殿斗栱上。直观的印象是疏朗和别致。说它疏朗，是因为上檐（殿身）和下檐（副阶）都只在正立面和山面的第一间施用补间铺作一朵，其余各间仅用柱头铺作。说它别致，则在于单个斗栱的自身形制，在于不同位置斗栱之间明确的形制差异，在于上下檐斗栱组群之间有意而为的布置方式（图2-1-08）。

我们对别致之处作进一步解说。

其一，下檐五铺作和上檐六铺作斗栱各有"平出下卷昂"和"批竹起棱真昂"两种形制，且两种昂形构件在单个斗栱中并不混合使用（图2-1-09，图2-1-10）。这有什么特别的呢？要知道，山西地区所见的宋构案例多数仅用同一种形制的昂尖，尤以批竹真昂形制为多，假昂、真昂皆用下卷形制的则见于稷王庙大殿等案例（图2-1-11）。同一朵斗栱中混合使用下卷昂与批竹真昂者，见于汏泉宫大

图2-1-08
圣母殿近景老照片
中国营造学社纪念馆藏

图 2-1-09 ～ 10
圣母殿外檐斗栱
赵寿堂摄

殿[5]（图 2-1-12）。而如圣母殿这般并行且不混合施用两种昂尖形制的情况尚属个案。

　　其二，大殿正立面下檐补间、上檐柱头皆用真昂，使得左右相邻和上下相对的斗栱在形制上交错分布。这又有什么特别的呢？最直接

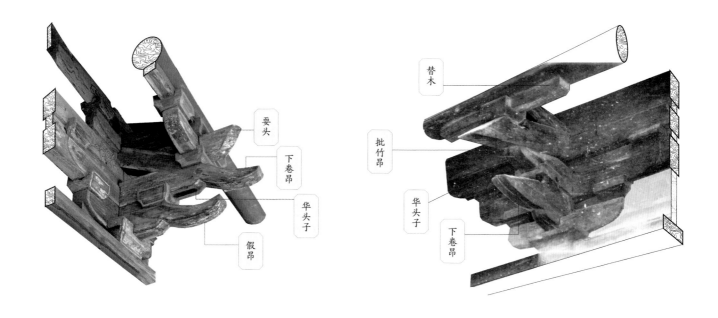

的影响便是真昂与屋架的构造设计。匠人要备好两种解决方案：下檐补间真昂，昂身上彻，昂尾挑一斗以承下平槫，柱头铺作则层叠于梁栿之下。上檐柱头真昂，昂身抵于梁栿下皮，结构安全，而补间铺作里转跳头却要依靠素枋与左右柱头铺作相固济。显然，前一种补间铺作的结构机能将发挥得更为充分（图 2-1-13，图 2-1-14）。

再说说圣母殿下昂的几何设计吧。对于上彻至槫的下昂而言，下昂斜度与檐步举势紧密相关[6]，通常要将算法和构造做法结合起来。本案下檐补间铺作即是如此：昂斜约 0.45，檐步举势约 1:3，昂上坐斗归平，昂尾仅挑一斗（图 2-1-15）。对于抵栿下昂而言，昂斜与檐步举势之间并没有直接的构造约束，二者之间是否存在算法权衡显然不如上彻下昂般明确——的确也不能一概而论。本案上檐柱头铺作昂斜约三五举，似与檐步举势相近，昂上坐斗归平（图 2-1-16）。

那么，圣母殿栱长的设计权衡又如何呢？华栱与泥道栱等长且长于跳头横栱，非连栱交隐的隐刻慢栱与泥道栱的栱长级差颇为显著，明显大于《营造法式》规定的 30 分°。扶壁栱用单栱造，柱头铺作

图 2-1-13
圣母殿下檐补间铺作
赵寿堂摄

图 2-1-14
圣母殿上檐补间铺作
中国营造学社纪念馆藏

图 2-1-15
圣母殿补间铺作昂制
赵寿堂绘

图 2-1-16
圣母殿柱头铺作昂制
赵寿堂绘

图 2-1-17
圣母殿的栱长权衡
赵寿堂绘

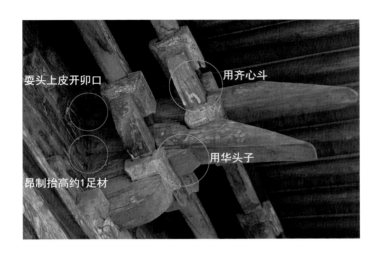

耍头上皮开卯口

用齐心斗

用华头子

昂制抬高约1足材

图 2-1-18
圣母殿特别的构造之处
赵寿堂绘

由泥道栱、隐刻慢栱、隐刻瓜子栱、隐刻慢栱、素枋逐层垒叠。不施补间铺作处，自下面第一层柱头方往上，依次是隐刻瓜子栱、隐刻慢栱、隐刻瓜子栱、素枋逐层垒叠。因隐刻的补间铺作少了一层泥道栱，同一根柱头方上形成了隐刻瓜子栱、隐刻慢栱的交替布置现象（图 2-1-17）。

圣母殿还另有几处特别的构造设计值得留意：真昂之下施以小华头子，下昂下皮在泥道处约抬高一足材，昂形耍头与替木交接处施齐心斗，昂形耍头与柱头方交接处上开卯口（图 2-1-18）。

## 匠作线索

有了以上的铺垫，我们可以试着将匠作技术相近的宋构建筑勾连起来，略作展开讨论：

### 平出下卷昂的线索

有学者曾对宋金时期下卷昂形制的源流展开过深入研究，并指出下卷昂"有可能首现于中晚唐前后的今陕西西安地区，继而沿交通线向周边地区扩散"[7]。从山西地区看，晋西南地区、沿汾河北上的晋中地区、太原周边地区（东至阳泉，北至忻州）下卷昂案例较多，晋东南地区相对较少（图2-1-19）。

### 补间铺作使用真昂的线索

山西地区在《营造法式》颁行以前的宋构遗存中，真昂斗栱主要有"柱头真昂抵栿""柱头真昂上彻至槫"[8]"补间真昂上彻至槫"三种设计。"柱头真昂抵栿"者最为多见，另两种相对要少。与本案例同样使用"补间真昂上彻至槫"的案例还有万荣稷王庙大殿。从《营造法式》

图 2-1-19
宋金下卷昂部分案例线索
赵寿堂绘

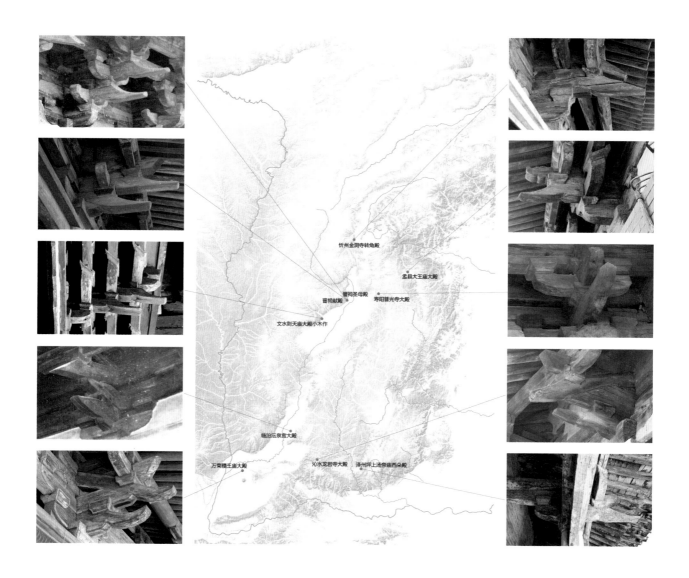

忻州金洞寺转角殿

孟县大王庙大殿

晋祠圣母殿
晋祠献殿                寿阳普光寺大殿

文水则天庙大殿小木作

临汾汾泉宫大殿

万荣稷王庙大殿    沁水龙岩寺大殿    泽州坪上汤帝庙西朵殿

颁行至金代，"补间真昂上彻至槫"案例渐多，且渐为主流 (图 2-1-20)。

**昂斜约略四五举的线索**

约略四五举是《营造法式》颁行以前北方地区七铺作下昂造斗栱的主流昂斜。虽然本案例五铺作的昂斜亦约四五举，但为单杪单昂，昂下用华头子，与上述七铺作的设计权衡有明显差异。另一方面，约

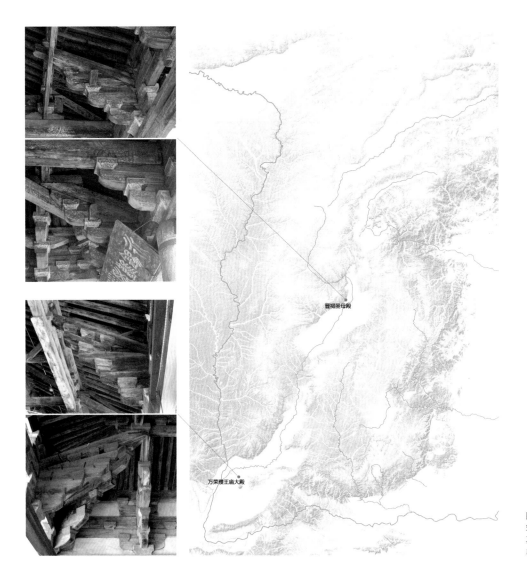

晋祠圣母殿

万荣稷王庙大殿

图 2-1-20
宋构中的补间
真昂案例线索
赵寿堂绘

略四五举也是山西地区的五铺作宋构常用的一种昂斜（图2-1-21）。

### 栱长权衡的线索

图 2-1-21
五铺作"约略四五举"
昂斜线索
赵寿堂绘

华栱与泥道栱等长且长于令栱、扶壁栱隐刻两层或多层重栱、同一柱头方隐刻长短栱交替布局的现象有着较为久远和广阔的时空线

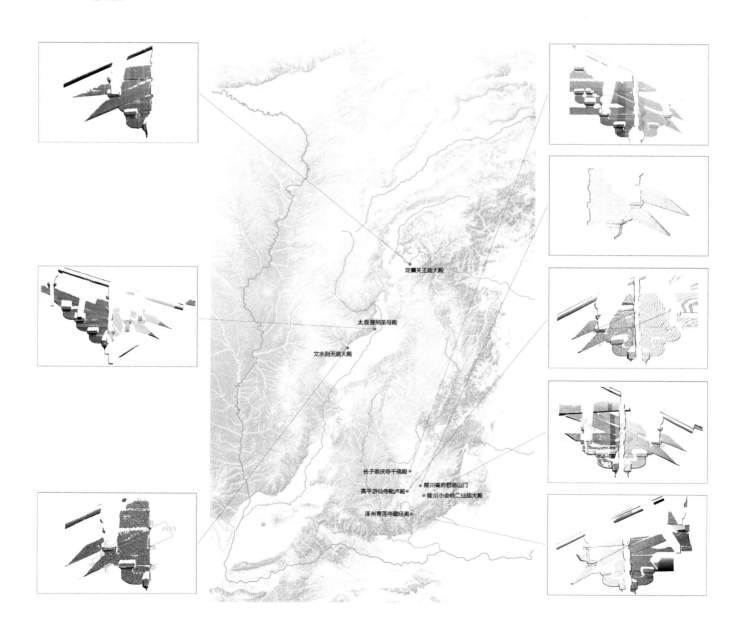

定襄关王庙大殿

太原晋祠圣母殿

文水则天庙大殿

长子崇庆寺千佛殿
高平游仙寺毗卢殿
泽州青莲寺藏经阁
陵川礼府君庙山门
陵川小会岭二仙庙大殿

索。这种现象的最早案例可追溯到佛光寺东大殿，此后晋中、晋北的
五代、辽、宋案例亦多（图 2-1-22）。

### 华头子的构造线索

平顺大云院弥陀殿（五代建筑）的转角铺作是山西地区已知最早

图 2-1-22
栱长权衡线索
赵寿堂绘

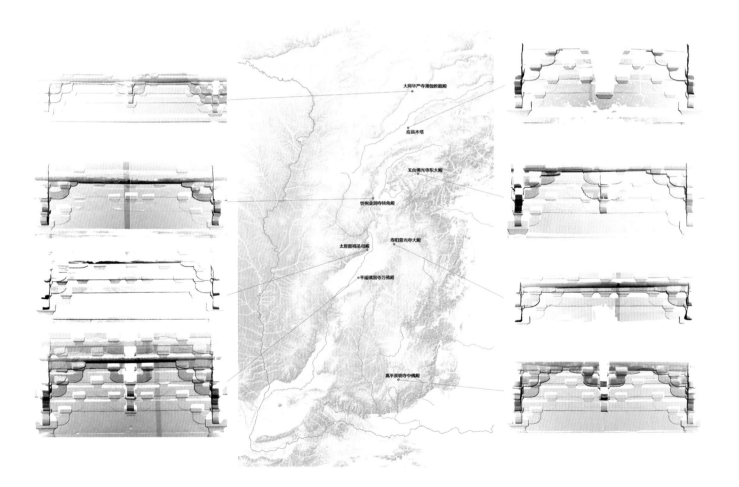

大同华严寺薄伽教藏殿

应县木塔

五台佛光寺东大殿

忻州金洞寺转角殿

太原晋祠圣母殿

寿阳普光寺大殿

平遥镇国寺万佛殿

高平崇明寺中佛殿

使用华头子的木构实例。至迟从长子崇庆寺千佛殿（1016）开始，华头子的使用在晋东南地区渐渐普及。晋中地区，建于宋大中祥符元年（1008）的榆次雨花宫大殿仍不用华头子。文水则天庙大殿和临汾浣泉宫大殿的斗栱形制均有宋构之风，二者与太原晋祠圣母殿、稷山稷王庙大殿应当都是汾河流域较早使用华头子构造的案例[9]（图2-1-23）。

### 昂形耍头的构造线索

昂形斜置耍头是山西地区宋构下昂造较为主流的耍头形式，最早的见于榆次雨花宫大殿（1008），其端倪至迟或可追溯到平遥镇国寺大殿的批竹式耍头尖，其目的或与创造高一等级的多昂意向相关。昂形耍头案例不仅数量多，而且构造做法多有差异。与本案例耍头构造相类似的案例主要见于雁门关以南至山西中部地区的木构建筑。河北正定隆兴寺亦见（图2-1-24）。

图 2-1-23
早期使用华头子的
案例线索
赵寿堂绘

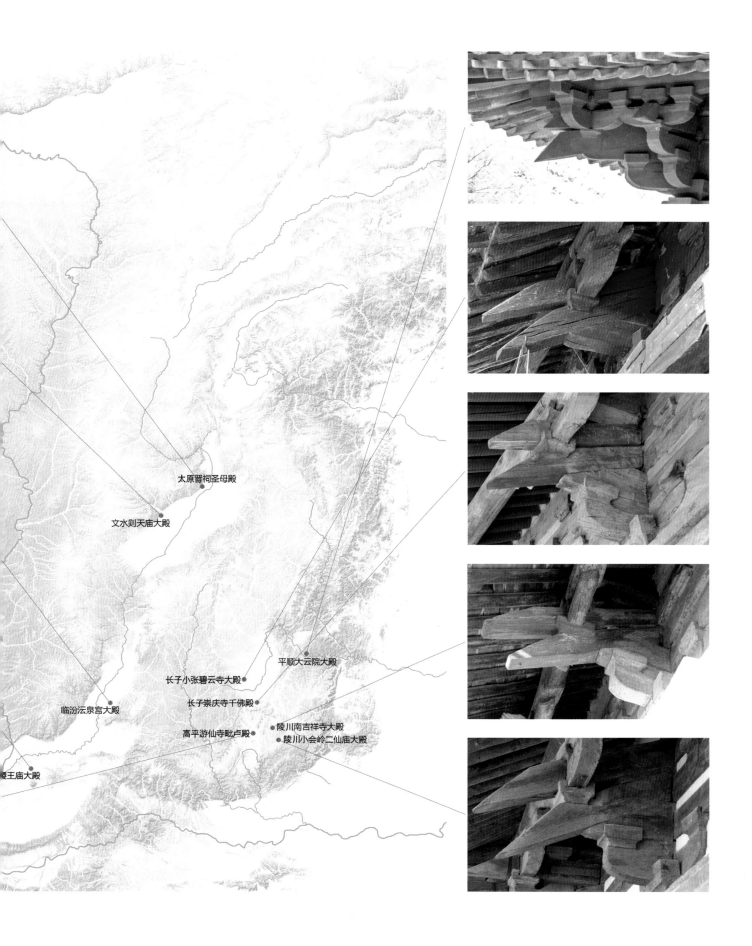

太原晋祠圣母殿

文水则天庙大殿

平顺大云院大殿

长子小张碧云寺大殿

长子崇庆寺千佛殿

临汾泛泉宫大殿

高平游仙寺毗卢殿

陵川南吉祥寺大殿

陵川小会岭二仙庙大殿

□王庙大殿

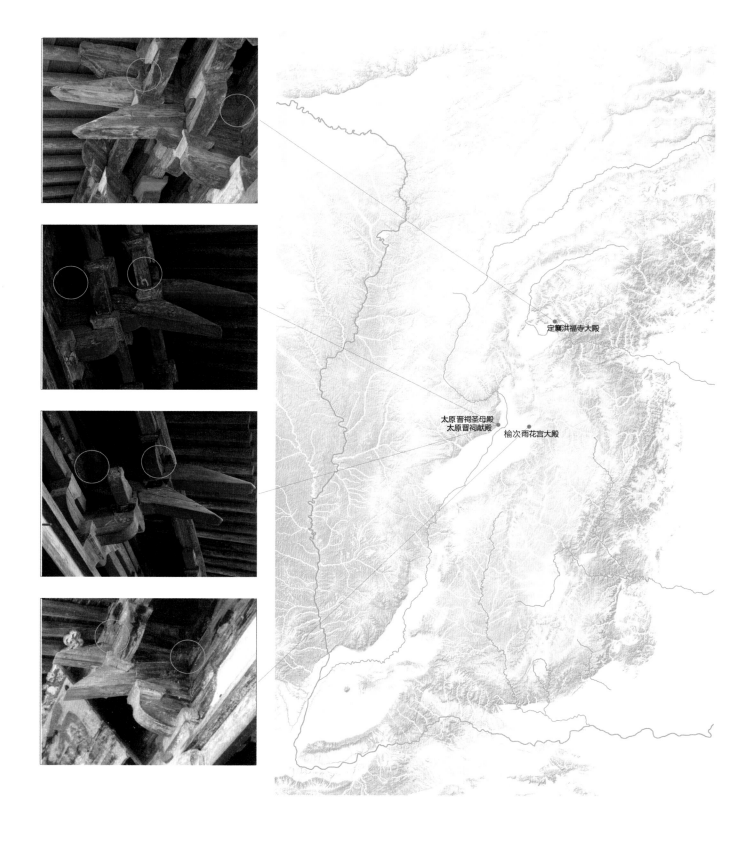

# 石匠任现

多么希望能在题记或碑记的某个角落里发现圣母殿大木匠的名字和籍贯，来为匠作技术线索添上匠人脚注；多么奢望同样的名字还会在别的建筑中出现，来为匠作线索提供双重证据。

遗憾的是，早期大木匠的信息过于稀缺。好在，碑刻为我们留下了颇多的石匠资料，让我们对那个时代营造业匠人的营生轨迹有所管窥。北宋中后期曾在晋祠营生的石匠任现便是一例。

任现是太原人，他对自己的籍贯曾有"太原"和"晋阳"两种表述。从已掌握的资料看，宋熙宁六年（1073）至元祐四年（1089）间，他曾营生于晋祠、汾阳、介休、襄垣各地，活动范围之广可见一斑，营生地之间的最远直线距离已达 130 千米。更为有趣的是，元祐四年三月他还在介休的介神庙，同年五月，已身在襄垣紫岩禅院了（表 2-1-01）。

**表 2-1-01：石匠任现的营生情况**

| 姓名 | 标注地 | 营生地 | 出处 | 距离 | 时间 |
|---|---|---|---|---|---|
| 任现 | 太原 | 汾阳 | 狄公祭文 | 营生地最远直线距离约130千米，今步行约152千米 | 宋熙宁六年（1073） |
| | 太原 | 晋祠 | 留题兴安王庙 | | 元丰八年（1085） |
| | 未注 | 晋祠 | 晋祠铭碑阴碑侧 | | 元祐丙寅（1086） |
| | 晋阳 | 介休 | 介神庙 | | 元祐四年（1089）三月 |
| | 太原 | 潞州 | 襄垣紫岩禅院 | | 元祐四年（1089）五月 |

任现当是一位知名度很高的石匠，猜想那些与他同样著名的大木匠们也少不了这样的奔波吧！

每个建筑都会有它的营建背景——民间、官方乃至皇家，会有承载营造技术的匠人团队，会有各匠作的营造技术线索。当我们把这些因素并行考量，能够提出哪些假说或推论呢？不妨留此设问，以待后文。

[左页图]
图 2-1-24
昂形耍头构造线索
赵寿堂绘

# 2

# 孪生与变异
## 晋祠圣母殿献殿

| 晋祠圣母殿献殿 | | | 晋源区 |
|---|---|---|---|
| 指征建造年代 | 明万历二十二年（1594）<br>清道光二十四年（1844） | 指征建造行为 | 创建 / 重修 / 补草 |
| 现存碑刻数量 | 1/ 掩埋情况不详 | 现存题记数量 | 2/ 覆盖情况不详 |
| 等级规模 | 名胜，官修 | 指征匠作信息 | 无 |
| 特殊设计 | ◆ 补间真昂、柱头平出下卷昂 | 特殊构造 | ◆ 昂下用小华头子<br>◆ 昂形耍头上用齐心斗<br>◆ 昂形耍头上开卯口 |

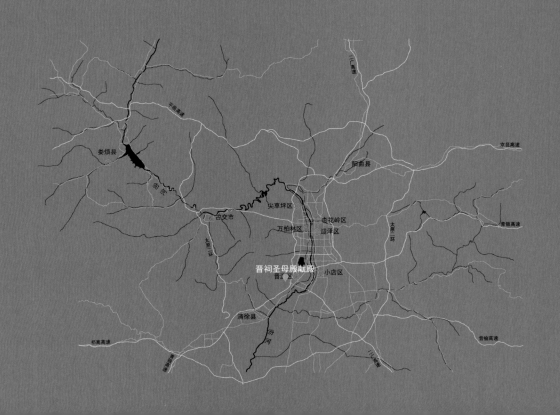

　　献殿优雅地耸立在鱼沼飞梁之东，构成了圣母殿建筑群中极为重要的一段旋律。试想对樾坊还未建起来的时候，远远便能望见献殿秀美的身影——舒缓的屋面、深远的出檐、疏朗的斗栱、通透的殿身、不高的阶基。这一切又与它的身份和功用极为相配（图2-2-01～04）。

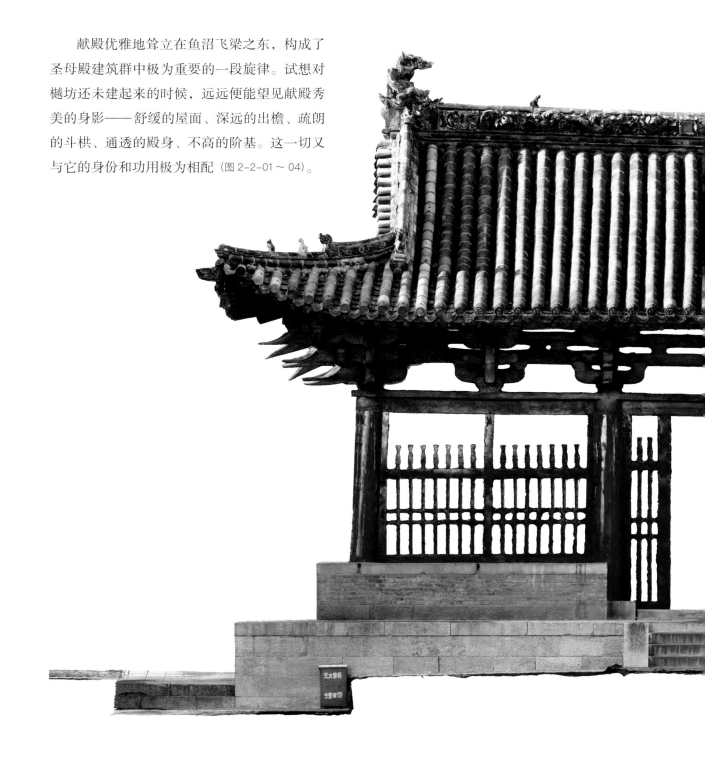

图 2-2-01
献殿正立面正射影像
孙德玛、李港摄

图 2-2-02
献殿背立面正射影像
孙德鸣、李港摄

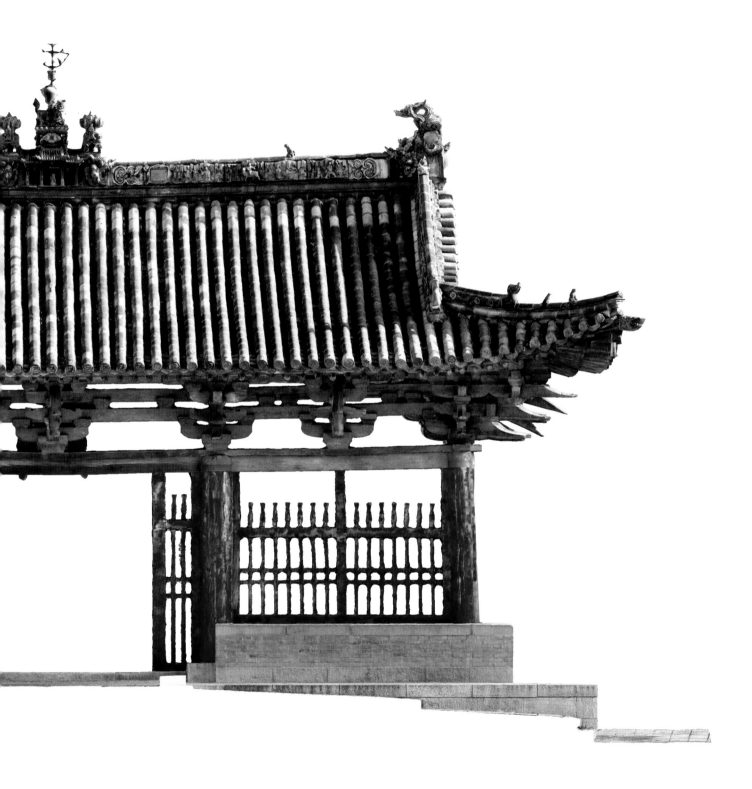

图 2-2-03
献殿侧立面正射影像
孙德鸿、李港摄

图 2-2-04
献殿侧立面正射影像二
孙德鸿、李港摄

## 题记带来的疑惑

与圣母殿相比，献殿的早期营建史料显得稀少。所知的是，正脊上的琉璃匾刻下了明嘉靖年间参与重修的耆老、纠首、道士、琉璃匠和木匠等人的姓名；尚存于圣母殿南侧的《重修献殿碑记》描绘了明万历二十二年（1594）的修葺始末。对献殿创建年代的著录，暂见于清末民初成书的《晋祠志》[10]，书中"金大定八年（1168）创建"的凿凿之言恰与 20 世纪 50 年代发现于建筑上的题记[11] 相印证。但还不能断言二者之间可否互证。在早期碑刻信息无存的情况下，《晋祠志》的作者会不会更早地发现了殿上的题记呢[12]？

既然创建记载明确，又何来争议呢？一般来说，判断一座建筑的原构年代需要纪年史料与建筑形制的互证，而问题恰恰在于目前认知

图 2-2-05
献殿外景
中国营造学社纪念馆藏

之下的互证困难。正如梁、林二位先生所言，"（献殿）与正殿结构法、手法完全是同一时代同一规制之下的"，若不考虑大定题记而仅从形制判断，或许对献殿原构年代不会有太多疑义（图 2-2-05）。那又如何看待这种互证困难呢？不妨提供几种假说：其一，确为金大定之物——同一个匠帮在百余年间仍传承着稳定的设计技术，暂比作"遗传"。其二，确为金大定之物——有意地参照了圣母殿的形制，暂称为"模仿"。其三，与圣母殿约略同时之物——"大定仅是重修而非创建"，暂比作"孪生"。假说的校验是一项有待持续展开的大工程，诸如史料的挖掘、形制的比对、尺度的解读、修缮痕迹的解说、材种的分析、木料的 C14 测年、加工工具的辨析……在已经展开的尺度研究中，我们已经有了一些发现。

# "孪生"的设计

总体而言，献殿与圣母殿的大木尺度设计非常相似。下文并不打算罗列那些毫米精度的实测数据表格，仅给出总结性的尺度假说和直观的点云图像。

### 约略相同的营造尺长和分°值

献殿和圣母殿大木作设计的营造尺长均约 310 毫米，两殿斗栱标准用材尺度接近，分°值均约 0.5 寸。

献殿：面阔方向，心间 16 尺，次间 12 尺；进深方向，中进间 12 尺，南北进间 6 尺；平槫与柱缝对位，脊步平长 6 尺，平槫至泥道平长亦为 6 尺。

圣母殿：面阔方向，心间 16 尺，次间 13 尺，稍间 12 尺，尽间 10 尺；进深方向，中间四间均为 12 尺，前后进间均为 10 尺（图 2-2-06）。

圣母殿正立面北2次间

圣母殿正立面北2次间

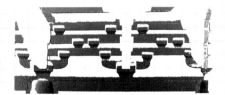

献殿正立面北次间

献殿正立面北次间

点云叠合

图 2-2-06
两殿开间尺度相同处的
点云比对
赵寿堂绘

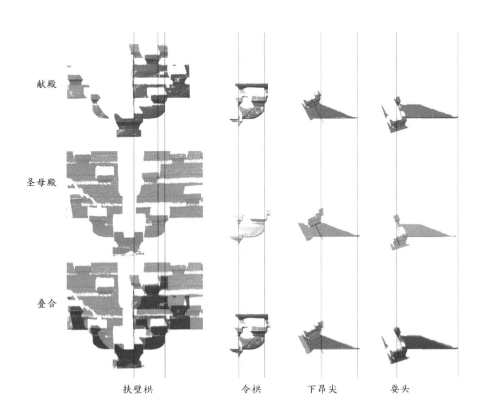

献殿

圣母殿

叠合

扶壁栱　　　　令栱　　　　下昂尖　　　　耍头

图 2-2-07
两殿外檐斗栱构件尺寸比对
赵寿堂绘

献殿斗栱外跳　　　　　　　　　　　　　　　　圣母殿副阶斗栱外跳

## 相近的构件尺寸设计

两殿的一跳华栱、泥道栱、令栱、下昂尖、耍头长度都非常相近，稍不同处在于献殿华头子长度略小。而华头子略小的原因在于昂斜较大，下文将进一步讨论 (图2-2-07)。

## 相似的构造方案

两殿都使用了上彻下平槫的补间下昂造斗栱，斗栱外跳均不用重棋造。昂下均使用小华头子，昂下皮在泥道处均抬升约一个足材。耍头之上均用齐心斗，耍头与柱头方相交处均上开卯口。略不同的是，献殿耍头尾部未伸入室内 (图2-2-08)。

## 补间真昂的不同昂斜设计

献殿昂斜约略五举，比圣母殿略大。为什么不用同样的昂斜呢？这个问题需要结合举屋之制来思考。圣母殿殿身前后八架椽，副阶周身两架椽，副阶檐步举势约1/3；献殿前后四架椽，檐步约四举，大略而言，檐步举势大者所用昂斜亦大。然而，这并不能解释檐步举势不同但使用相同昂斜的情况——昂斜相同，昂尾只挑一斗或挑一材两栔，乃至弯折的下昂[13]等——还需要具体问题具体讨论。

図2-2-08
两殿外檐斗栱构造设计比对
赵寿堂绘

献殿昂尾构造　　　　　　　　　　　　　圣母殿副阶昂尾构造

献殿转角处昂尾构造　　　　　　　　　圣母殿副阶转角处昂尾构造

[上图]
图 2-2-09
两殿昂尾构造设计比对一
赵寿堂摄

[下图]
图 2-2-10
两殿昂尾构造设计比对二
赵寿堂摄

　　若认为举屋设计具有优先性，那么圣母殿的四五举昂斜刚好可以实现昂尾与下平槫之间"只挑一斗"的完美构造；若用五举昂斜，昂尾坐斗则需坐入昂身，或不用标准的"单斗只替"做法，转角处昂尾与枋子的交接关系也要随之调整（图 2-2-09）。对献殿而言，若补间用四五举昂斜，则昂尾与槫之间需用"一材两栔"，至转角昂尾亦需加垫小斗。以此看来，似乎两座建筑的匠人较为在意"只挑一斗"的构造，在意转角处简洁有效的交接关系（图 2-2-10）。

　　综上，两殿在大木尺度设计上具有非常近似的、尚未"法式化"

的宋构技术特征。从已掌握的案例看，金大定时期的太原和晋中地区，斗栱设计技术已较为"法式化"，若献殿的原构年代果为金大定年间，则将为我们认识宋金时期的匠作技术演变提供新的启发。

## 共识和个性

回到圣母殿一节最后的设问，这里将对官方的营建背景、匠人、匠作技术线索的关联性试作讨论。

唐宋帝王的御制碑文，历代的营建敕令、谢雨文、册封敕令，地方政府和官员的营建主持，都将晋祠建筑与官方的营建背景建立起关联。但地方性的官方工程通常由本路或本府州内的军匠或民匠完成，很大程度上仍体现出地域性的匠作技术特征。另一方面，各府州县记录在案的工匠亦可能被派遣至中央服役，随着工匠回归故里，中央的官式营造技艺亦可能流布至地方。[14] 再有，《营造法式》之类海行敕令的实施，很可能促使地方匠作技术向官式技术规范靠拢。

具有地域性特征或官式规范性特征的匠作技术，或可归为匠人群体的"共识"，共识性技术通常表现为较为广泛的流布。"共识"之外的、为某个匠帮群体或匠人个体所特有的，则可归为"个性"，个性化的技术可能更多具有"匠作指纹"的属性。当然，若"个性化"的队伍不断壮大，做法渐渐普及，便会走向共识；若共识渐渐枯萎，以至"礼失而求诸野"的时候，也可能成为一种个性。

圣母殿一节提到的各项匠作技术线索，亦为献殿所共有。这些线索多沿唐代驿路展开，流布范围广，当具有更多的"共识"属性。"共识"之下，特殊的尺度权衡之法和构造设计之法，当具有更多的"个性"属性。即便一个匠人能惟妙惟肖地模仿主人所指定的某个样式，但仍不太容易准确地参透其中算法和隐藏构造的奥秘，就连喻浩这样的大木匠也不例外[15]。

# 3

# 重修的迷雾
## 狐突庙大殿

| 狐突庙大殿 | | 清徐县 |
|---|---|---|
| **指征建造年代** 宋至清 | **指征建造行为** 创建 / 重修 / 加建 | |
| **现存碑刻数量** 18/ 掩埋情况不详 | **现存题记数量** 未知 | |
| **等级规模** 民间 | **指征匠作信息** 无 | |
| **特殊设计** ◆ 宋代大殿的前檐加建<br>卷棚 | **特殊构造** ◆ 歇山收于当心间柱缝<br>◆ 正身外檐不施令栱 | |

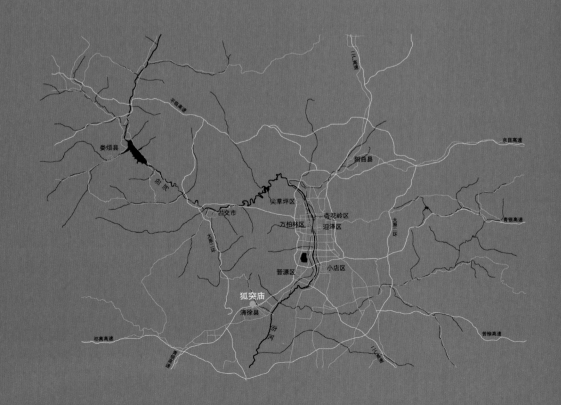

　　比起"有祷必应"的现世恩泽，"事君不二"的故事似乎离普通百姓远了些，那是帝王更为关心的事情。加之对神道的痴迷，北宋那位道君皇帝曾先后两次敕封了狐突——宋大观二年（1108）封"忠惠义"，宋宣和五年（1123）封"护国利应侯"。

　　清徐西马峪村的狐突庙距离西北方向的狐爷山（亦称马鞍山）不远，据说晋文公将他的外祖父狐突厚葬在那里。狐突和晋文公之间的故事，史籍有载，坊间有传，这里不再多说。或因狐爷山之缘，周围的地域——清源、交城、文水、汾阳、徐沟、祁县一带，成为狐突信仰兴起和繁盛的地方，再由此向外扩展。据元至元二十六年（1289）碑记，狐突正庙在却波（今交城）之城北，西马峪村之庙为亚庙。亚庙之盛虽不及正庙却胜于其他。交城正庙现已不存，清徐狐突庙晋级榜首（图 2-3-01，图 2-3-02）。

图 2-3-01
狐突庙外景
赵寿堂摄

图 2-3-02
狐突庙院落回望
刘畅摄

## 原构、重修、加建

今天的狐突庙大殿由两部分组成——正身（亦有称寝宫或后室者）及前檐加建的卷棚（亦有称朝堂或前室者）。正身面阔和进深各三间，次间间广极狭，约略心间间广之半；卷棚面阔随正身，进深两间，前为檐廊，卷棚顶与正身歇山顶连缀成勾连搭形式（图2-3-03，图2-3-04）。

图 2-3-03
狐突庙大殿正面外观
刘畅摄

图 2-3-04
狐突庙大殿侧面
外观
赵寿堂摄

大殿原构年代不确，研究者多认为殿之创建或与宋徽宗敕封之事相关。正身的大木结构通常被认为是宋建、元修，卷棚则为明清时添修（图2-3-05）。

## 大殿遗珍

殿内彩塑虽多，却因早年盗扰而破坏严重，完整者十不二三。坛上正襟危坐的主神、布列有序的侍者皆有"俨然可畏之容"。刻工精良的砖雕、主神背后的屏风、梁架上的绘饰，渲染出高贵的氛围。绘塑、砖雕、屏风、彩画，此一珍也（图2-3-06）。

第二珍为大殿正身的大木结构。低矮的殿身、疏朗的斗栱、和缓的屋面，一派古朴的气息。四椽的屋架对于三开间的方殿而言几乎精简至极，前后通栿之上驼峰、令栱、平梁、蜀柱、叉手、脊榑，有条不紊地架构停当。歇山顶直接收束于当心间柱缝处，并不在狭窄的次间内纠结，却以加长榑子出际的方式来调整厦两头的外观比例（图2-3-07）。

图2-3-05
大殿正身与卷棚交
接关系
赵寿堂摄

[左图]
图2-3-06
室内彩塑
李泽辉摄

[右图]
图2-3-07
室内梁架
李泽辉摄

## 斗栱细品

　　正身斗栱仅出一跳且不用令栱，虽然朴素了些，倒也与乡间神庙的身份相合。泥道栱的长广之比明显大于《营造法式》的规定，且目测约略与华栱等长（图2-3-08）。此古老线索之一。

　　正身斗栱中旧斗构件的斗颐明显，泥道栱两端的散斗与华栱跳头的交互斗并不分型。此古老线索之二。

　　正身斗栱的耍头为短促的批竹起棱切面。此古老线索之三。

　　正身东山中进间的补间铺作，居然在华栱上隐刻了下卷昂式华头子（图2-3-09），莫非历史上的某次修缮锯掉了平出的昂嘴吗？

# 4

# 法式的痕迹
## 不二寺大殿

| 不二寺大殿 | | | 阳曲县 |
| --- | --- | --- | --- |
| **指征建造年代** | 北汉乾祐九年（956）<br>宋咸平六年（1003）<br>金明昌六年（1195） | **指征建造行为** | 重建 |
| **现存碑刻数量** | 5/ 掩埋情况不详 | **现存题记数量** | 3/ 覆盖情况不详 |
| **等级规模** | 民间 | **指征匠作信息** | 无 |
| **特殊设计** | ◆ 前后檐不对称，架道与柱网不严格对位 | **特殊构造** | ◆ 补间铺作用真下昂<br>◆ 外跳斗栱用重栱计心造，扶壁栱用重栱造 |

今天阳曲首邑西路的地址是不二寺的新家。20 世纪 80 年代，庙址下沉，文物部门把它从小直峪村搬迁出来。主持工程的是笔者的良师益友李小涛老师，手头的资料也因此鲜活了许多[16]。大殿搬家以后，尚有孑然的惠净大师塔耸立在废弃的旧址身旁，标示出寺庙原来的位置，守护着不二寺曾经的兴盛，诉说着可能会被遗忘的过往。

## 原址前世

阳曲县城西北的棋子山东麓沟壑纵横，其间散落着十余个古老的村落，小直峪村是靠北的一个。村子南距今天的阳曲县城仅有五六千米，东南距太原至忻州的古驿路也大致是这样的距离。这段古驿路正是唐宋时期经太原北上五台山拜佛的主要道路[17]，也是金元时期自都城至太原的主要官路之一。

地缘上的优势曾为游方传道的僧侣、拜谒求福的百姓，乃至奔波营生的匠人提供过不少便利吧，虽说"道贯诸方，名传京邑"定有夸大之嫌，至少我们知道了，寺庙的创建不会晚于"大汉乾祐九年（956）"，元代的惠净大师曾奔赴大都参加"万松资戒盛会"，元代的不二寺与崛围山多福寺、晋阳寿圣华塔禅院[18]、忻州师村宝连院[19]等寺院多有联络，元代平晋县义井村[20]石匠李和家族曾在此营生，清代五台县小豆村的张絜曾为该寺撰写过碑文。

## 明昌鼎新

殿内留下的三条墨书简明地记录了大殿早期的三次营建活动——北汉乾祐九年（956）建造、宋咸平六年（1003）重建、金明昌六年（1195）重建（图 2-4-01）。究竟哪个是现存大木主体的原构纪年呢？

有学者认为前两条题记是明昌六年重建时一并抄录的。而且，依据大木结构的"法式化"形制特征，学界多认为明昌六年较为可信。

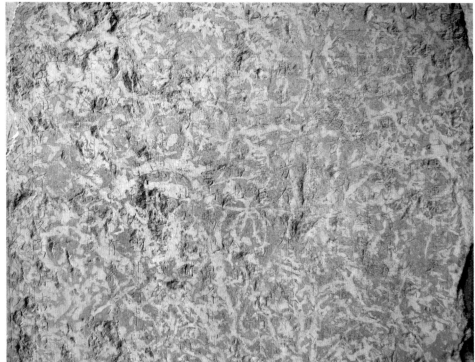

图 2-4-01
不二寺大殿远景
赵寿堂摄

图 2-4-02
清雍正二年《不二寺
重修正殿碑记》
赵寿堂摄

现存的元代断碑并未交代往昔的营建信息，好在清雍正二年（1724）《不二寺重修正殿碑记》有着清晰的梳理："正殿一、东西殿二、天王殿一，考碑记创自金明昌六年，重修于元至正十二年（1352），明万历乙酉（1585）……检藏三载大作水陆会□，盖亦巨丛林也。"碑中"创自金明昌"的考证恰可与脊槫题记互证（图2-4-02）！

大木主体的年代基本明确了，彩塑和壁画的年代又如何呢？雍正碑记说得清楚：明万历乙酉之后三年，"大作水陆会"。但似乎还不止于此，因为元至元三年（1337）正殿虚席、内缺塑像，于是"命工塑释迦三士一堂"，又于"东西两壁画药师弥陀二会"。[21] 将碑记与今天的实物互校，可知彩塑创于元代，后世有过修补[22]，壁画重绘于万历年间。

## 尺度概述

文献和形制的证据之外，不二寺大殿的大木尺度还会提供哪些营建信息呢？高精度的三维激光扫描数据使得今天的解读成为可能[23]（图2-4-03）。

先说平面和架道设计。当营造尺长为312毫米时，面阔尺寸严整，心间13尺、次间12尺、两山出际3.75尺；架道分位简洁，脊步平长5.5尺、金步平长约5.75尺、檐步平长约7.5尺[24]（图2-4-04）。

有必要重点说说架道。大殿后檐仅用扶壁栱而不施华栱，前檐斗栱出两跳。如此设计的确可以节材，但如果架道和柱网各自对称设计，则二者之间不能严整对位。于是，四椽栿从前金柱的柱头悬挑出来以承接下平槫，这个悬挑长度约为3尺（图2-4-05）。

再来细聊斗栱。不二寺大殿斗栱足材广与单材广之比值非常接近1.4，单材广约7寸。若将足材广和单材广分别复原为21分°和15分°，则每分°为7/15寸（约14.56mm）。在实测数据统计的基础上可得出如下数据：

第一组，华栱与令栱长约74分°，泥道栱与瓜子栱长约64分°，

图 2-4-03
不二庙大殿正立面
赵寿堂绘

图 2-4-04
大殿侧立面
赵寿堂绘

前檐柱头铺作　　　　　　　　前檐补间铺作

图 2-4-05
大殿檐廊内景和扫描点云
赵寿堂绘

慢栱长 102 ～ 104 分°。第一组与后两组栱长形成 10 分°与 30 分°级差。

第二组，斗栱一二两跳的出跳值均约 31 分°，总出跳约 62 分°。

第三组，栌斗广 32 分°，散斗上、下广 14×10 分°，交互斗上、下广 18×14 分°。

第四组，华头子长约 10 分°，刻作两瓣，后瓣比前瓣长约 1 分°；下昂尖长约 23 分°，要头长约 25 分°。

发现什么了吗？三、四两组尺寸几乎与《营造法式》的制度规定完全一致！那么，栱长又为什么不按《营造法式》规范了呢？或许可以给出这样的假说：出跳 2.9 尺约合 62 分°，随之，一跳出跳值 31 分°，华栱总长须为 74 分°，再按严整的栱长级差确定其他栱长。慢栱长度的额外增加，兴许是出于舒展斗栱外观的考量，也可能与栱眼壁彩画的绘制有关 (图 2-4-06)。

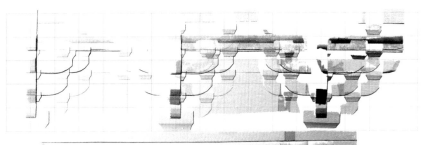

图 2-4-06
外檐斗栱和点云图
赵寿堂绘

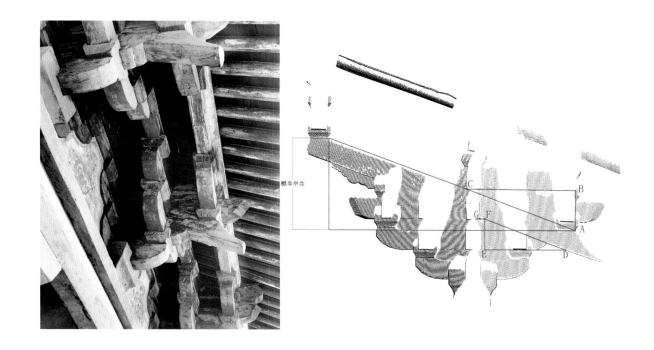

图 2-4-07
外檐斗栱昂制
赵寿堂绘

　　还可以继续追问：为什么非要把出跳值设计成 2.9 尺，而不是更整的 3 尺或其他呢？若出跳 3 尺，则约合 64 分°，或许偏离规范过多；若以加大用材来满足 60 分°，又可能背离了节俭的初衷。所以，最终选择了檐步平长约 7.5 尺、斗栱出跳 2.9 尺的调和方案。

　　最后简单说说下昂。

　　大殿补间铺作用真昂，昂身上彻下平槫，昂尾挑一材两栔，檐步举势当与下昂斜度一致。经推算，昂斜约略 3:8。简洁是这个下昂的直观印象，更为重要的是，这个昂斜与《营造法式》五铺作下昂造斗栱的昂制设计非常相似 [25]（图 2-4-07）！

## 匠作端倪

　　学者多认为，《营造法式》的颁行引起了山西地区营造技术的变革。

但《营造法式》所载的匠作技术究竟是以什么样的媒介传播的呢？是文本、图样、模型，还是匠人等，这仍是个悬而未决的问题。

将媒介笼统地归为《营造法式》的镂版海行，显然不那么令人满意。为何"法式化"的进程并没有在短时间内得到广泛普及，却呈现出明显的不均衡呢？"法式化"过程中出现的地域差异和时代差异该如何解释？如果将"法式化"营造技术的传播归因为匠人，那么，匠人的营生轨迹究竟如何呢？这至少要从日常营生、官方役匠、大移民等多角度给出答案，时代风尚和主人品味也不能忽视吧。的确，实际情况远比想象复杂得多。这也是我们将营造技术、文本和人并行讨论的原因所在。

匠作通释是一个基于文献和实例数据的"大数据"工程，而"大数据"的积累恰是从一个个案例、一通通碑刻、一段段题记开始的。在太原地区为数不多的宋金案例中，不二寺大殿已然远离了前文三个案例的匠作共性，远离的时空起点已难从太原本地找寻。不妨将不二寺大殿作为讨论另一个匠作体系——姑且称之为"法式大系"——的引子，引出一张"亲缘"案例的分布图示。图中案例的品读将在本丛书的写作中逐渐展开（图2-4-08）。

图 2-4-08
法式大系之"主流系"
部分案例分布
赵寿堂绘

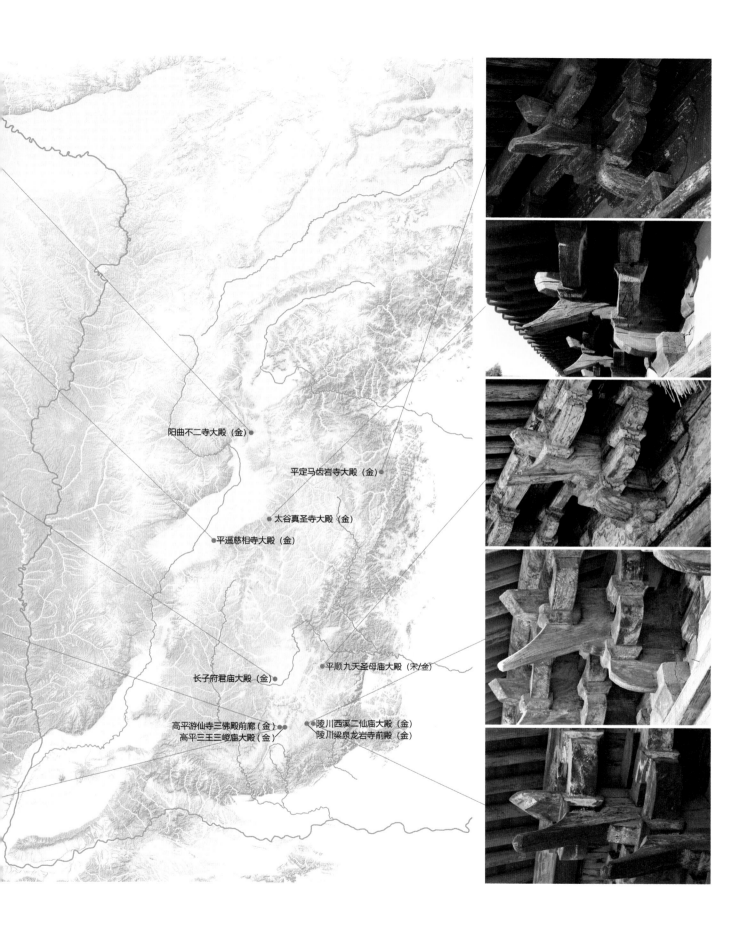

阳曲不二寺大殿（金）

平定马齿岩寺大殿（金）

太谷真圣寺大殿（金）

平遥慈相寺大殿（金）

平顺九天圣母庙大殿（宋/金）

长子府君庙大殿（金）

高平游仙寺三佛殿前廊（金）
高平三王三峻庙大殿（金）

陵川西溪二仙庙大殿（金）
陵川梁泉龙岩寺前殿（金）

# 5

# 室内的精工
## 清源文庙大成殿

| 清源文庙大成殿 | | 太原清源镇 | |
|---|---|---|---|
| **指征建造年代** | 金泰和三年（1203）<br>元延祐（1317–1320） | **指征建造行为** | 创建／重修 |
| **现存碑刻数量** | 2／掩埋情况不详 | **现存题记数量** | 未知 |
| **等级规模** | 官式 | **指征匠作信息** | 无 |
| **特殊设计** | ◆ 柱网、铺作、屋架水平<br>分层<br>◆ 转角处屋架设计 | **特殊构造** | ◆ 诸多改易细节 |

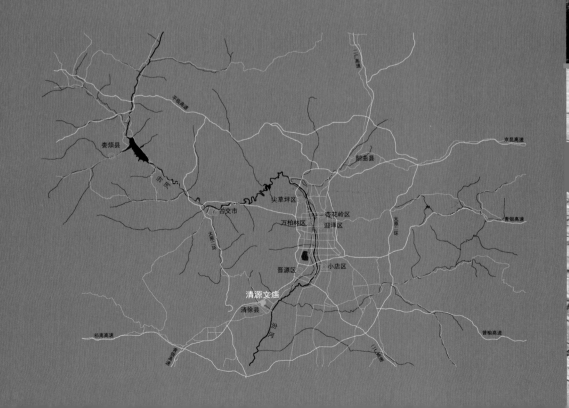

今天的清徐县有两座文庙，一在清源，一在徐沟。一县两庙其实并不奇怪，这与清徐县的建制沿革相关——清源和徐沟在历史上分分合合[26]，两庙正是两县曾经分治于汾河两岸的见证。从地理和交通上看，两县分置确有它的道理。古时，汾河东西各有一条北上太原的大路。清源是西路上的一个节点，向北至太原，向南依次串起交城、文水、汾阳。徐沟是东路上的一个要地，向北可到达太原；东北与榆次相邻，可达太原到正定驿路；东南与太谷相接，沿东南驿路可达晋东南地区；西南依次是祁县、平遥、介休、灵石，沿西南驿路可达晋西南地区。东西两路上的县城亦有大路相连者——如平遥与汾阳、介休与孝义。

## 三开间

图 2-5-01
清源文庙大成殿外景
刘天浩摄

　　对于县级文庙而言，三开间的大殿确是小了些（图 2-5-01，图 2-5-

02)。要知道，周边那些县里的伙伴们都要气派得多：晋源、徐沟、祁县、文水<sup>27</sup>、平遥的文庙大殿皆是面阔五间，交城<sup>28</sup>、太谷的则是重檐七间，殿身五间。

清源文庙不仅大殿的规模小，整个庙院的建制也不高，三进院落布局紧凑（图2-5-03）。六里二百步的城垣规制虽说适中，但被城内东湖吞没颇多，所剩地面实则较少。加之土地瘠卤、民居萧条，经济情况自不乐观。这些都可能牵绊了文庙的规模吧（图2-5-04，图2-5-05）。

图 2-5-02
大殿立面点云图
赵寿堂绘

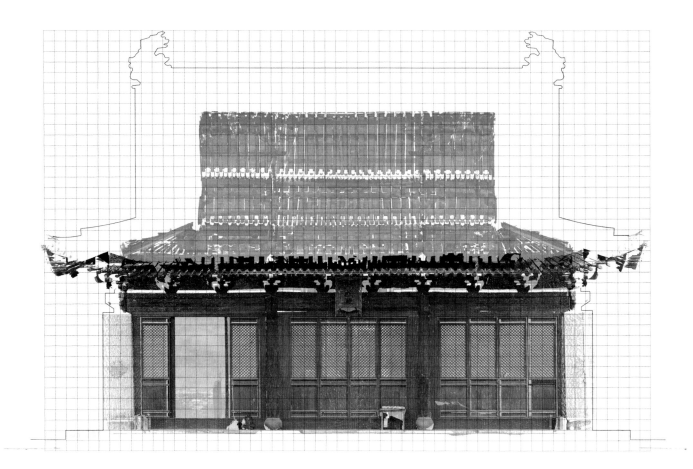

图 2-5-03
清源文庙鸟瞰
刘天浩摄

图 2-5-04
清源文庙总平面图
刘天浩摄

图 2-5-05
清源武庙总平面图
刘天浩摄

## 泰和还是延祐

　　清源文庙早期创修碑记无存，殿内修缮题记亦不详。好在清顺治版《清源县志》和光绪版《清源乡志》有较为详尽的记载[29]。其中，金泰和三年（1203）知县张德元创建、元延祐年间（1317—1320）县尹彭殷辅[30]重修是最早的两次。那么，现存大殿主体的原构年代究竟如何呢？

　　就建筑形制而言，金晚期至元末以前可作为原构年代最保守的估计。就记载而言，原构年代确有金泰和三年的可能性，因为金泰和年间"创建"之后，就是"重修""继修""增建"之类的字眼。不过，泰和创建与延祐重修之间毕竟还隔着金元战争、元大德地震之类的人祸天灾，延祐重修的程度究竟如何尚有很大的想象空间。另从历次修缮的时间间隔看，明代间隔短者约30—40年，长者约60—70年[31]。往前推，修缮时间间隔则是元代延祐年间至明代洪武年间的60—70年。

再往前，则是金代泰和年间至元代延祐年间的 110 余年，历时颇久。

延祐重修是否也可能是一次重建呢？在太原乃至晋中地区，金元时期建筑形制和尺度断代的"细分标尺"尚未完全建立的情况下，在缺少特征构件 C14 测年的支撑下，不妨留此一问。

## 端庄架构，不苟细节

大殿规模虽小，但构架方式、开间设计、架道分位、斗栱分布确是一派官式的端庄（图 2-5-06）：

1. 面阔、进深皆为三开间的正方形平面（图 2-5-07）。

2. 檐柱与内柱等高，柱网、斗栱、屋架水平分层（图 2-5-08）。

3. 各间开间尺寸均等，外檐每间均匀布置了两朵补间铺作（图 2-5-09）。

4. 槫架与山面檐柱以及进深各间的正中严整对位（图 2-5-10）。

图 2-5-06
梁架全景图
赵寿堂摄

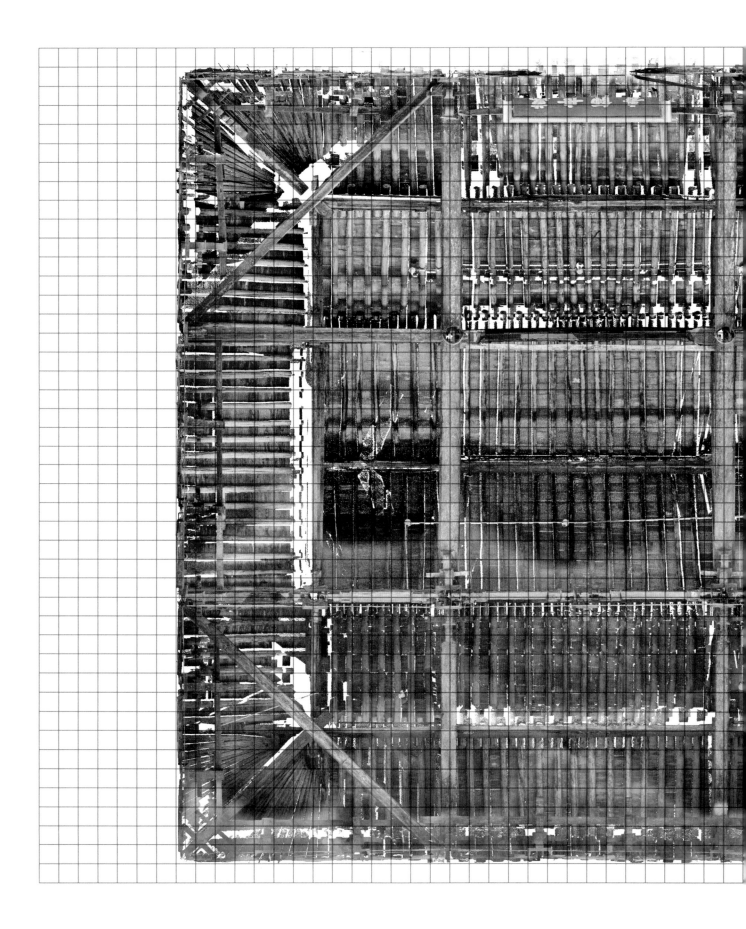

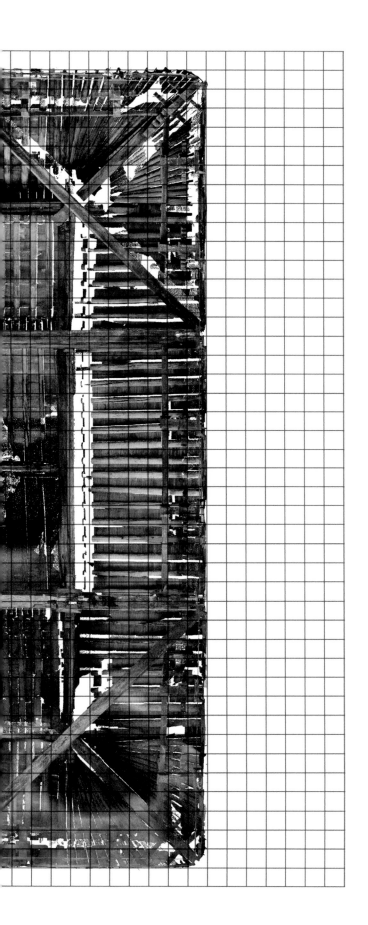

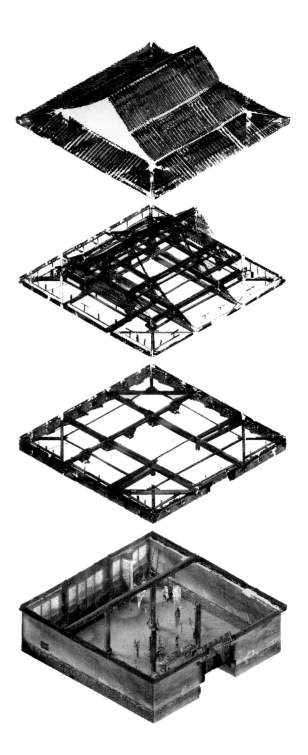

图 2-5-07
大殿屋架平面仰视点云图
赵寿堂摄

图 2-5-08
大殿轴测点云图
赵寿堂绘

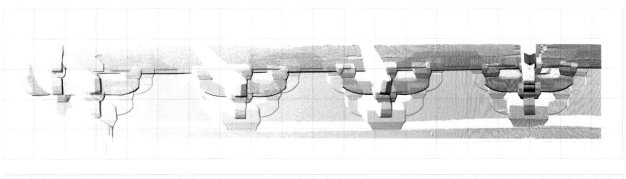

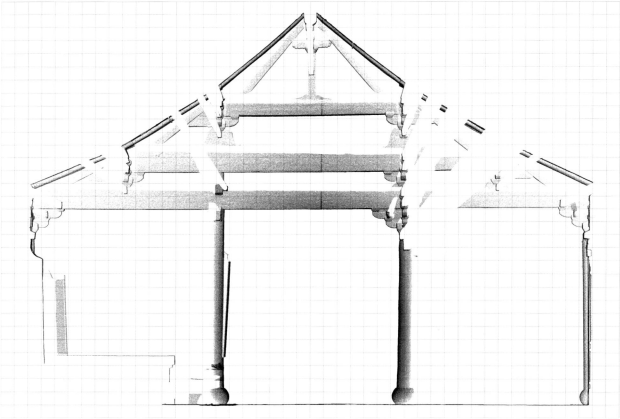

图 2-5-09
正立面西次间斗栱点云图
赵寿堂绘

图 2-5-10
剖面点云图
赵寿堂绘

端庄的架构之下，又是不苟的细节配合：

1. 转角用抹角梁、驼峰、递角梁、大斗、令栱一套完整构造来承接枋和槫（图 2-5-11-1，图 2-5-11-2）。

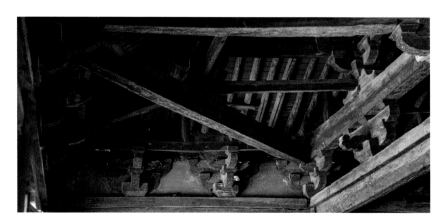

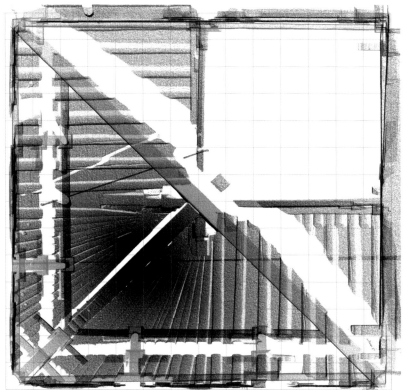

图 2-5-11-1
转角架构
赵寿堂摄

图 2-5-11-2
转角点云图
赵寿堂绘

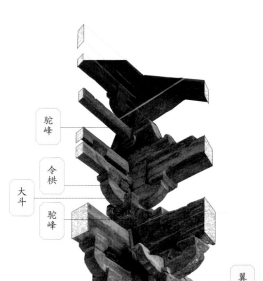

驼峰

令栱

大斗

驼峰

翼形栱

图 2-5-12
梁架架构
赵寿堂摄

2. 各层梁头相叠处，随举势高下，以驼峰、大斗、令栱托垫（图 2-5-12）。

3. 前金柱缝，阑额、普拍枋、斗栱、素枋层叠直至上平槫，与设有檐廊的构架形制颇似，如榆次的雨花宫大殿（图 2-5-13）。

4. 外檐斗栱里转一跳跳头用翼形栱，且有两种翼形栱样式交替使用；二跳跳头横枋之上隐刻翼形栱。翼形栱卷瓣刻画细致，与泥道栱约略等长。

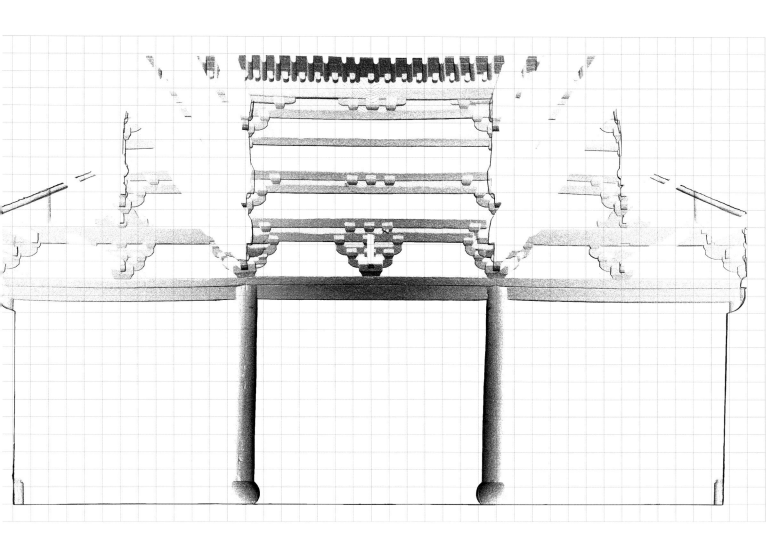

图 2-5-13
金柱缝剖面点云
赵寿堂绘

## 改易的痕迹

在大殿的各处木结构之间如福尔摩斯般"探案"是令我们兴奋的事情，尽管肉眼可辨的蛛丝马迹尚未能与史料提及的修缮事件一一对应，但仍不妨就其改易留下的痕迹略说一二。

构件新换而形制不改者暂且不论，就形制改变者而言，除前檐的隔扇门之外，最明显的莫过于殿内添加的两根金柱。随之而来的是丁栿之下添加的那根梁栿——一端插入金柱柱头，另一端裹住里一跳的华栱，但四椽栿对乳栿用三柱的原构形制仍清晰可辨（图2-5-14）。

补间铺作里二跳之上，枋子与椽子之间的临时支撑则说明里跳的结构机能发挥得并不好（图2-5-15）。

金柱柱头出二跳华栱承乳栿，西乳栿在跳头处留出了容纳斗耳的卯口，东乳栿不留且直接用平盘斗（图2-5-16）。

屡见于清源和徐沟一带的圆鼓形柱础是何时更换的呢？曾被多次提及的地基湿卤问题会是更换柱础的原因吗？

图2-5-14
丁栿处的改易痕迹
迟雅元摄

图 2-5-15
补间铺作里跳固济
迟雅元摄

图 2-5-16
有卯口和无卯口的
乳栿设计
迟雅元摄

## 注释

1. 主要有宋代太平兴国九年说、天圣说、崇宁说。

2. 该诗可能写于韩琦在并州任职的 1053—1055 年。该诗极为重要但论者极少，其一，它是已知最早提及"女郎祠"的史料，可证明金、元两碑中提及的"复建女郎祠"之说不虚；其二，从该诗前两句描写的景物位置看，女郎祠与今之圣母殿位置相符，可证明女郎祠即加封之前的圣母殿。虽金、元两碑有"天圣中"与"天圣后"时间微差，可以确定的是，女郎祠（圣母殿）至迟在 1055 年之前已经建成。

3. 该题当写于吕惠卿知太原府的宋元丰年间，题中称"兴安王庙"而非"汾东王庙"，可与《宋会要辑稿》记载的"崇宁三年六月封汾东王"互证，即"汾东王"的封号始于崇宁三年（1104），金、元两碑所记可能有误，待进一步考证。

4. 据《续通志》，宋建中靖国元年（1101）十一月辛亥太原府、潞、晋、代、石、岚、隰等州，岢岚、威胜、保化、宁化军地震弥旬，坏城壁屋宇，死者甚众。

5. 今已不存，见于中国营造学社所摄照片。

6. "下昂斜度"（简称"昂斜"或"昂制"）是指斜置下昂与水平面夹角的正切值，"檐步举势"是指檐椽与水平面夹角的正切值。研究中，可以直接用小数或"若干举"表示，如正切值为 0.5，即可称为"五举"；还可以表达为"平出若干尺寸，抬高若干尺寸"之类，如"平出 40 分° 抬高 20 分°"即为五举。

7. 徐怡涛：《宋金时期"下卷昂"的形制演变与时空流布研究》，《文物》2017 年第 2 期。

8. 此处的"上彻抵槫"，是指昂身上彻深远，昂尾抵达槫架位置。

9. 此处暂笼统地将较早使用华头子者归在一起。它们之间实有明显差异，对这些差异的讨论将在丛书中逐步展开。

10. [清]刘大鹏《晋祠志》云："献殿，金大定八年创建，明万历二十二年重修，清道光二十四年补葺，在圣母殿前，鱼沼东。"

11. 题记为"金大定八年（1168）岁次戊子良月创建"，重修时将题记重题写于脊槫之下。

12. 据《晋祠志》，清道光二十四年（1844）曾补葺献殿。此外，刘大鹏本人亦监督过晋祠修缮工程。

13. 刘畅、徐扬、姜铮：《算法基因——两例弯折的下昂》，《中国建筑史论汇刊》2015 年第 2 期。

14. 赵寿堂：《晋中晋南地区宋金下昂造斗栱尺度解读与匠作示踪》，清华大学，2021 年，第 200—202 页。

15. 喻浩是五代至北宋初年汴京地区著名的大木匠，欧阳修称赞说，"国朝以来木工一人而已"。陈师道在《后山谈丛》记载了喻浩的另一个故事，说他惟不解大相国寺的"卷檐"设计——"立极则坐，坐极则卧，求其理而不得"。

16. 李小涛：《不二寺大雄宝殿迁建保护与研究》，《文物》1996 年第 12 期。

17. 敦煌壁画《五台山图》所绘"太原道"的路程、圆仁和尚从五台山南下的行程、成寻和尚参五台山的行程皆途径此段。

18. 参见寺内现存的元至元三十年（1293）断碑碑记。

19. 参见明洪武三年（1370）《特建先师屺公大和尚灵骨塔铭》。

20. 今太原晋源区有义井村。

21. 参见明洪武三年（1370）《特建先师圯公大和尚灵骨塔铭》。此处至元三年当为元顺帝年号。

22. 清雍正二年（1724）《不二寺重修正殿碑记》说"神像之剥落者补以胶□，饰以重金"。

23. 实测数据、具体尺度分析可参见《晋中晋南地区宋金下昂造斗栱尺度解读与匠作示踪》。

24. 亦可能是金步 5.7 尺，檐步 7.6 尺。

25. 赵寿堂：《平长还是实长——对〈营造法式〉"大木作功限"下昂身长的再讨论》，《中国建筑史论汇刊》2020 年第 1 期。

26. 沿革详见光绪版《清源乡志》卷二。

27. 今已不存，据营造学社老照片。

28. 今已不存，据网络老照片。

29.《清源乡志》在《清源县志》的基础上补充了顺治时期知县和羹修葺之后的历史。《清源县志》载："县学在县治西南，金太（泰）和三年知县张德元创建。元县尹彭殷辅重修。明洪武初县丞吴文焕、知县马大方，天顺后张圯、仝进、王纳谟、舒有翼相继修，后卤湿圯坏鞠为茂草。国朝顺治十七年，知县和羹因旧址而恢拓之，或重建或重修，坚固峻整，前所未有……"《清源乡志》载："文庙在城之西。金泰和三年知县张德元建。元延祐年知县彭殷辅重修。明洪武间县丞吴文焕、知县马大方、主簿黄福重修。天顺二年知县张圯，宏（弘）治间知县仝进，嘉靖间知县卢宾彦、王纳谟，万历间知县舒有翼，崇祯十六年知县郑经相继修。国朝顺治十七年知县和羹增建，规制较前宏敞，乾隆二十九年并县置清源乡，学庙仍旧，二十四年徐沟知县周冕、嘉庆二十五年知县邓本、道光二十六年知县周国颐续修。"

30. 据《清源县志》，彭殷辅于元延祐四年（1317）始任清源县尹。

31. 据《清源县志》"职官"，根据官员任职时间，可考历次修缮的具体时间以及前后修缮的时间间隔。

官式的味道

怎么定义"官式"呢？我们理解或即"工部样"。说白了就是经过官方团队甄别、筛选、定案，甚至颁行的，本是为京师城池、宫室、陵寝、敕建坛庙和寺观等大工而做的工程设计。因具体技术团队的差异，这样的设计虽然不会严谨如一，但必然摒弃了"虽其巧妙大有外造之气"[1]。经过历代技术团队的传承，那些不是必要的炫技、花活，影响结构稳定的构造，为雕刻而削弱构件功能的做法，几乎全部被淘汰出局；并且，与"非官式"相比较，"官式"设计和《营造法式》、清工部《工程做法》中记载的构件造型最为接近（图3-0-01）。正是由于我们拿不出更加准确的定义，对于我们而言，元明官式建筑是最迷人的话题。

图3-0-01
清式官式斗栱三例：
九踩柱头科、
平身科和溜金斗科
李泽辉绘

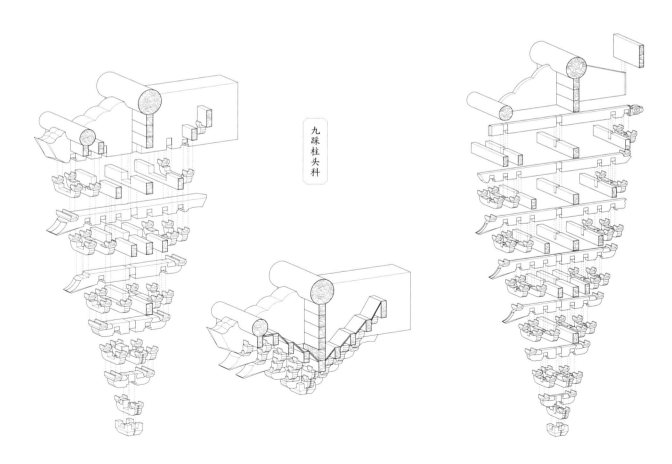

九踩柱头科

太原现存木结构古建筑都建于北宋以后的，如果要从官式制
度中心——大致可以定义成历代京城——拿来官式做法，则要靠
人来"搬运"，要么是进京务工的从业者，要么是由京入晋的匠人。
明朝各地随那些来自京城的藩王、太监，甚至厨师扩散的帝都文
化，落实在建筑上，可以说是广布全国。各王府、陵墓自不必说，
典型的还有青海乐都瞿昙寺、四川平武报恩寺。它们无一不是与
中央地区官式建筑一致，而与当地民间建筑差别甚大。如今，太
原的王府没了踪迹，陵墓也已是荒芜寂寥，但是仍有几处正宗的
明代官式味道的建筑留存至今，除这里作为典型案例讲述者之外，
今天府文庙前面原来崇善寺的两座井亭、太原清真古寺的碑亭、
太山龙泉寺观音堂都带有很浓厚的官式味道。

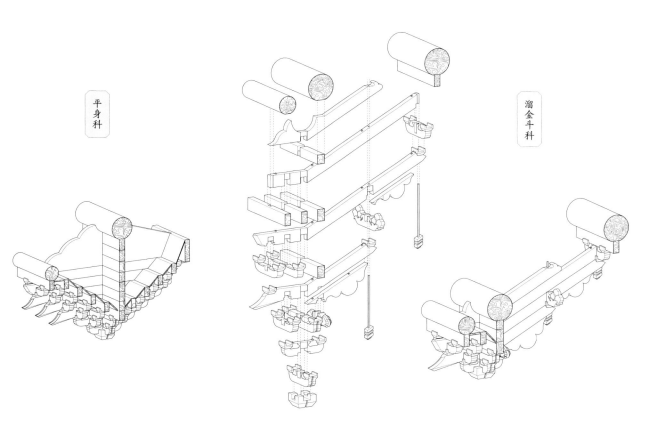

平身科

溜金斗科

# 1

# 藩王的手笔
## 崇善寺大殿

| 崇善寺大殿 | | 太原市 | |
|---|---|---|---|
| **指征建造年代** | 明洪武十六年 （1383）<br>嘉靖三十六年 （1557）<br>清嘉庆十四年 （1809） | **指征建造行为** | 创建 / 重建 / 重修 / 搬迁 |
| **现存碑刻数量** | 10 通，碑文 12 篇 /<br>掩埋情况不详 | **现存题记数量** | 2 / 覆盖情况不详 |
| **等级规模** | 官方，名胜 | **指征匠作信息** | 明代 40 余人；清嘉庆 6 人 |
| **特殊设计** | ◆ 高规格，重檐歇山<br>◆ 后檐明间外开门，<br>平板枋留卯口，<br>或曾存后抱厦、连廊 | **特殊构造** | ◆ 明官式斗栱样式<br>柱头科撑头木出麻叶云，<br>开檩，椀承檩<br>◆ 舒朗的攒当设计 |

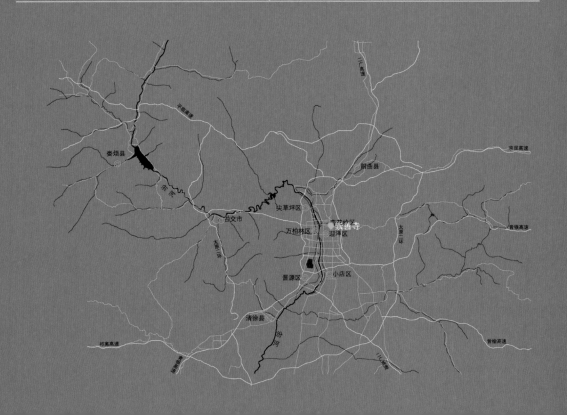

朱元璋的三子朱棡于明洪武三年（1370）四月受封晋王，洪武十一年（1378）就藩太原，洪武十四年（1381）"令差永平侯奏准，建立新寺一所，令后右护卫指挥使袁弘监修"。洪武十五年（1382）朱棡生母马皇后去世，他决定以寺奉母。"至洪武二十四年（1391）清理佛教事，恭王赐额'崇善禅寺'"[2、3]。太原府城之外沿着西山一麓，蒙山的法华寺[4]、天龙山的圣寿寺[5]、崛围山的多福寺[6]等寺院的重修工程也得到了他的支持。

## 曾经辉煌

崇善寺曾经规模恢弘，但因世事变故，今天的崇善寺已被包围在一片居民区之中，街巷幽深。晋恭王扩建之前，这座相传始建于隋唐时期的寺院还用过白马寺、延寿寺、宗善寺这些名字。扩建之后，则"正旦、冬至、万寿圣节率于此习仪及赏，节命使暂以驻跸，近二百载。诚一国仰瞻，不可废者"[7]。建筑的盛况静静地保存在《明版崇善寺建筑全图》中。

明成化十六年（1480）碑中甚至给出了具体数字："……广南北长三百四十四步，东西阔一百七十六步。鸠工计材，营建正佛殿九间，周以白石栏植螭首承雷海鱼护瓴，合殿穿廊一百四楹，高十余仞。后立千手千眼大悲殿七间，东西回廊，有是把罗汉前门三塑，护法金刚重门五列，四大天王，经阁、法堂、方丈、僧舍、厨房、禅室、井亭、藏轮，无不具美矣。"

按照明代营造尺长接近 320 毫米估算，崇善寺南北约 550 米，东西约 280 米，由此便不难想见晋王雄踞于此显赫气象之一隅（图 3-1-01）。

"前垂天贶"一词大致可以描述清人对明代城池、宫殿的继承心态。清康熙年间编修的《阳曲县志》和乾隆版《太原府志》的图考中，崇善寺仍"在城东南隅"。然而等到了道光版《阳曲县志》中，《城池图》里的相同位置变成了"恭逢万寿、元旦、冬至朝贺之所"[8]的"万寿宫"。

《街巷图》上，崇善寺的格局已被"万寿宫"蚕食成了一个"刀把儿"，原本坐北朝南的大门改成了朝西。

最终，崇善寺大部"同治初毁于火，移寺额于寺后别院，其故址初改崇修书院，今建为太原府学"[9]，而大悲殿劫后余生的区域面积尚不足昔日十二分之一。

## 校雠印象

最近一次前往调研之时，大悲殿内外已经搭满了脚手架，文物部门正在进行保护修缮。在同行的帮助下，我们抄录了屋架上匠人的墨迹。于是手中的资料便有图——崇善寺全图，有文——笔记和题记，还有实物。三者校雠，初步得到一些印证和认识，汇总于此。

首先是图。作为明代崇善寺中轴线上六座殿宇中的第五座，也是除九间重檐正殿（大雄宝殿）之外的第二大殿宇，大悲殿为重檐，上层面阔五间，下层七间，虽然图上开间比例与今日大殿不同，但似不应强求古人并非建筑制图的绘画表现（图 3-1-02）。

其次是题记。天花之上，东西两山，均有题记。

东山上写的是："大明嘉靖三十六年（1557）五月初六日起工开手仿通前大后大悲□工食银二十六两　计开合匠人等共人八名钱树　张朝　李梅　李天相　李天佐　肖彦灵　潘合　贾应□山西太原府丙王府人等　吉旦。"总共二十六两银子发给八个工匠，说明这次应当不是大规模的重建工程。

西山上写的是："大清嘉庆十四年（1809）岁次己巳二月廿二日开工重修砼正大悲宝殿　督工监修官　特授太原府僧纲司监理崇善常住总督住山掌印都纲加二级记录三次程崇行全合山僧众等砼　木匠头　魏德功　和天诏　泥匠头　刘盛　梁信　铁匠头　闫国宰　石匠头　高时　自二月十二日起自孟冬日完工　重修砼造等全立。"这是典型的修缮工程的"打砼拨正"。

当然还有碑刻记录。梳理现存碑文线索，从明代至民国，晋王、奉国将军等人所立众多碑记中，明嘉靖四十二年（1563）通奉大夫、河南布政使司左布政使孔天胤撰《重修崇善禅寺记》提到的"大悲□殿□多缺漏乃□启通葺"一句，可以呼应嘉靖三十六年（1557）人工费二十六两银子的工程。

几则史料连缀下来，我们的印象是，明洪武十六年（1383）之后大悲殿所经历的改动大致限于修修补补。

最后回到实物，需要重新回到对于官式的讨论。

## 官式之所在

为"官式"给出一个"工部样"的底片，其实还远没有完成任务，有必要落实到特征。延续底片的逻辑，我们从"工部样"淘汰了些什么特征说起，再说到官式匠人费尽心力强调了什么特征。

我们把《营造法式》里面记载的五铺作、六铺作和晋祠圣母殿变化丰富的斗栱做比较，可以大致感受到早期木构的"朝野"差距。考察崇善寺，我们还有几十年后建成的紫禁城当"帮手"。

明代官式首先一定瞧不上斜栱。在正交的横栱和翘昂之外加上斜栱，不仅在交接处大大削弱了构件截面，降低了构件强度，还破坏了立面上平身科斗栱形成的韵律。况且，斜栱往往加在开间当心，明间的斜栱更会妨碍悬挂殿名匾额。因此，除了迫不得已的角科之外，斜栱无论在故宫，还是武当山金殿，甚至所有明清陵寝和京师的官式建筑中都不见踪迹。

同理，把厢栱或是连同其他横栱一道两边抹斜的做法，以及把昂嘴进行过度凹曲和雕镂，一概为官式所不齿。其实，横栱抹斜无非是从

图 3-1-03
崇善寺大悲殿匾额
赵寿堂摄

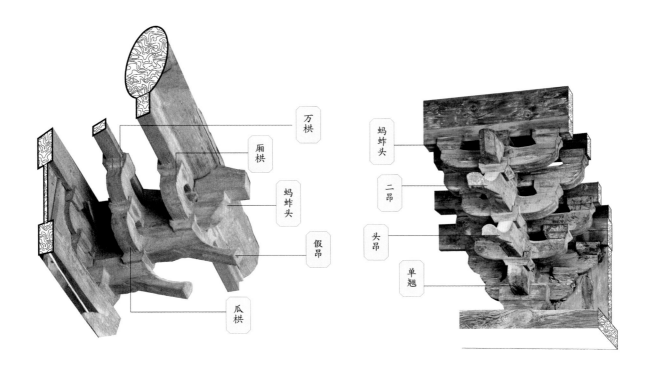

万栱

厢栱

蚂蚱头

假昂

瓜栱

蚂蚱头

二昂

头昂

单翘

图 3-1-04
大悲殿下层柱头科
李泽辉改绘

图 3-1-05
大悲殿上层平身科
迟雅元摄

长方料上截取栱的那一锯是正下还是斜下的问题；昂面深凹也只是如木匠制作车轮一般多刮几下曲面刨子的事，但是人家就是不喜欢那种尖锐和轻薄。"工部样"的容忍区间只是昂嘴做不做拔腮、隐刻出什么样的华头子一类的小手段，也或许是不同派系匠人存心留下的指纹。

所以我们在崇善寺大悲殿上看到的，是端庄的大匾（图 3-1-03），是四平八稳的斗栱（图 3-1-04，图 3-1-05）

那么工部的大匠们看得上什么民间不常用的做法呢？从经过落架的紫禁城建筑案例来看，反倒是那些隐蔽做法的精度。如果遵循这一做法，那么用工会加倍，相应的，牢固程度也大大加强了。故宫神武门城楼最不起眼、不露明的椽子处的构造关系，是研究者认为自永乐年间建成以后就没有经历过大改动的[10]，我们从这里选三个小例子，第一个是椽子之间的搭接，第二个是椽子和搭交檩子出头部位的搭接，第三个则是遮挡椽子缝隙的椽椀做法（图3-1-06）。未来，我们或者可以找到它们和大悲殿那些压在深层未经扰动的做法的相似之处呢！

　　看不到大悲殿的隐蔽构造，但是至少可以端详它的平板枋出头的讹角海棠瓣以及大额枋（图3-1-07）。后者内部榫卯远非瘦阑额可比，无论抱肩还是回肩，藏的全是工夫（图3-1-08）。

图 3-1-06
神武门椽子搭接、
椽子与搭角檩出头交接、
椽椀做法示意图
迟雅元绘

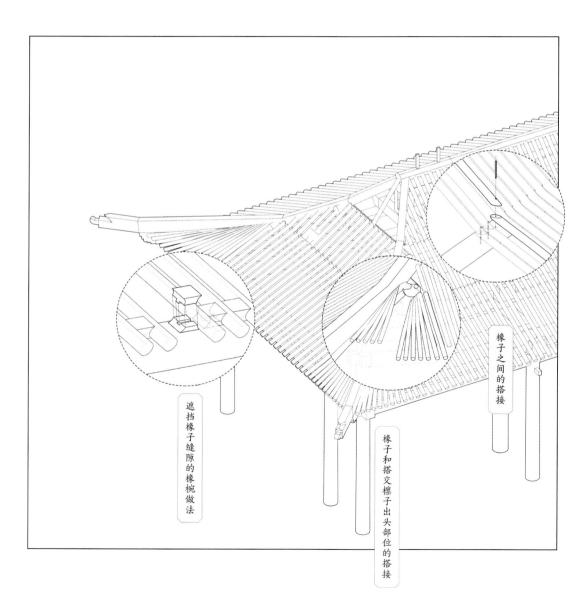

遮挡椽子缝隙的椽椀做法

椽子和搭交檩出头部位的搭接

椽子之间的搭接

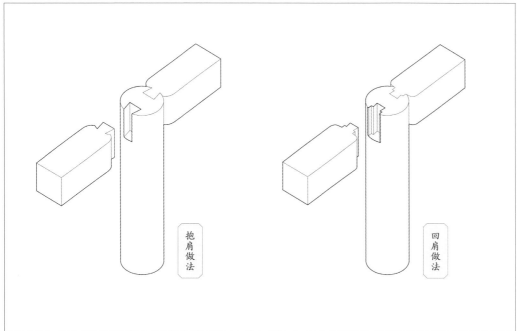

图 3-1-07
平板枋和霸王拳
迟雅元摄

图 3-1-08
大额枋入柱榫卯
做法示意图
迟雅元绘

抱肩做法

回肩做法

# 2

# 隐藏的官样
## 多福寺大殿

| 多福寺大殿 | | | 太原市 |
|---|---|---|---|
| 指征建造年代 | 元至正十二年（1352）<br>明景泰二年至天顺二十七<br>年（1451–1458）<br>明万历二十四年至四十三<br>年（1596–1615）<br>清康熙十五年（1676）<br>乾隆九年（1744）<br>乾隆二十四年（1759）<br>嘉庆元年（1796）<br>光绪八年至十三年<br>（1882–1887） | 指征建造行为 | 重建／重修 |
| 现存碑刻数量 | 寺内 11，寺外 1/<br>掩埋情况不详 | 现存碑刻数量 | 专著记载 3/ 其他情况不详 |
| 等级规模 | 名胜，皇室／官方 | 指征匠作信息 | ◆ 明代木匠 22 人<br>石匠等其他工种多人<br>◆ 清代木匠 18 人<br>其他工种多人 |
| 特殊设计 | ◆ 后期添加一周擎檐柱<br>◆ 明代主体大木结构<br>◆ 明代室内塑像与壁画 | 特殊构造 | ◆ 始建外檐斗栱<br>呈明代官式特点 |

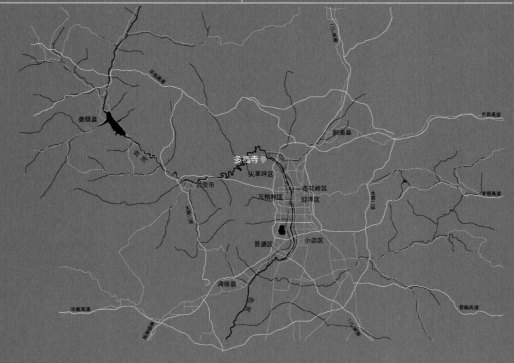

多福寺位于太原市西北的崛围山中，仿佛是生长于绿树青山中的一点朱砂。驱车沿山路盘旋而上，曲折险峻，沿途薄雪尚未消融，奇树怪石，宛然仙境。一路无语，恍然感慨人生，不见目的，前行便好。待长路弯弯漫漫无尽头之时，峰回路转，豁然开朗，山门竟扑面而来（图3-2-01）。

## 山寺

崛围山有上下二寺。多福寺是上寺，长在崛围山中，因此辞别了尘喧。寺庙因山就势，坐北朝南，缓缓中三进院落层层展开（图3-2-02）。山门、钟鼓楼、大雄宝殿、壁龛组成了尺度近人的第一组院落。山门与天王殿合一，内塑哼哈二将和四大天王像。大雄宝殿面阔七间，进深五间，设周围擎檐廊，内部才是安装匾额、门窗的立柱（图3-2-03）；上覆单檐歇山顶，屋面用青绿琉璃瓦剪边；殿内供奉三佛四菩萨，墙壁上绘有84幅释迦牟尼生平连环画，流畅逼真，属明代壁画之精品（图3-2-04）。

二进院落的主体建筑是一座五开间的上阁下窑样式的藏经楼。下层窑洞名乘息洞，上层木阁曰文殊阁，上下两层均设有檐廊，将建筑立面和谐统一起来。窑洞石柱上有傅山先生的墨迹，颇为珍贵。雨后，院内青石板地面上薄薄的水面映出西侧壁龛的倩影，构成一幅禅静的

图3-2-01
多福寺外景
赵寿堂摄

[右页图]
图3-2-02
多福寺总平面图
刘天浩摄

[左上图]
图 3-2-03
多福寺大雄宝殿对外檐斗栱
迟雅元摄

[右上图]
图 3-2-04
多福寺大雄宝殿内景
赵寿堂摄

[下图]
图 3-2-05
多福寺大殿后院外景
赵寿堂摄

画面。

第三进院落较为规整，尺度紧凑，显得十分清净。千佛殿雄踞 3 米多高的台基之上，屋檐舒展，气势宏大 (图 3-2-05)。殿内供有三世佛和四大菩萨，三面墙壁共有 870 多尊佛像。殿前牡丹池内原有 500 多年前的牡丹，现已没了踪影。

# 名寺

按照明清《太原府志》[11]、清《山西通志》[12] 等文献的说法，多福寺的前身崛围教寺始建于唐代贞元二年（786）。另有清乾隆版《阳曲县志》（道光年间重刊）"寺观"条，说到"旧志载晋王李克用与其子李存勖焚香题名，刻石于此，即山上寺也"。

经查，唐德宗贞元二年（786），中唐名将马燧平定河中叛乱之后又率河东兵击吐蕃，当时"至石州，河曲六胡州皆降，迁于云、朔之间"。后唐开国皇帝李存勖的太爷爷朱邪执宜就是在此后不久归顺唐朝的。几辈人一晃而过，后来李克用和李存勖亲自到这里焚香，想必也是李存勖和他的刘皇后佞佛的伏笔。崛围教寺想必也是当时的名寺。

我们并不知道宋金的战火对于古寺的摧残有多么惨烈，而金大定局势平稳之后，山上的舍利塔静静地告诉我们当时的寺院并不寂寞。这个判断主要的依据是明隆庆二年（1568）的《崛围山多福寺重修宝塔碑志》。此碑现镶嵌在这座始建于金代宝塔塔身的二层："崛围山去晋三十里，古胜迹也。其上有多福寺焉。大定庚寅（金大定十年，1170 年），文惠太君建舍利宝塔于其山，高四丈，干云□而直上者也……"

顺便提一句，有学者认为崛围山的下寺就是今天距离多福寺不远的柴村的吉祥寺。寺中有一通元代至正十二年（1352）的碑记《就公住院重修行迹记》，上面说当时吉祥寺"殿宇年深摧朽，祇园久废荒残，佛像龙神损坏，堂廊厨库荒颠……议曰：此处上院崛围多福寺，有一名德僧人就公讲主……幸蒙欣然允诺，领徒杖锡登临入院，经之营之，终朝恪志兴工，且夕不辞劳苦。未及数载，梵刹重兴，祇园再整，殿宇光辉，圣躯补备"。可见多福寺的名字早在光绪版《山西通志》所说"明弘治建更今名"之前就有，而且无论多福寺的下寺除了吉祥寺还可能有什么别的说法，元朝的时候多福寺早已有高僧住锡则是毫无疑问的。

那么明朝时候的情况呢？还得依靠碑刻的记载。

明成化二年（1466）的《崛围寺兴复记》中"自晋恭王有国，奉为焚修坛宇，增葺完美"，万历四十三年（1615）的《晋省西山崛围多福寺碑》记载："自晋恭王有国奉为焚修，坛宇金像重辉，规模大备，二百余年，积衰已甚，赖有住持觉智秉韦驮愿、发菩提之心，巡城乞化，因时完葺……"说明了入明之后皇家对它的青睐。据考晋恭王朱棡（1359—1398）生活在洪武年间，这也说明多福寺早在洪武年间便已成型。

半个世纪的萧条过后，《崛围寺兴复记》还记载："景泰辛未（景泰二年，1451年），榆次馨沙弥智果往栖其地，发大愿力，究心殚虑，昼夜经营……不数年间，崇门、大殿、神天、仪卫焕然一新，加于旧观。"碑记信息非常清晰准确，且有大雄宝殿脊槫下的木板题记"大明景泰七年（1456）岁次丙子四月癸丑庚子朔初四……乙卯重修谨志……"为证，而"助中梁晋府内官安□□只岁卜施"等语坐实了皇室成员参与了对崛围寺的重修。另外，还有大殿壁画上的"大明天顺二年（1458）三月十三日住持□心月"墨书题记辅助；更有"天顺二年（1458）九月吉日造"的大钟的支持。[13] 几年之后，成化碑中文字回顾的也是这段历史。值得特别提到的是，碑文中还记录了大量工匠的名字，其中木匠便有 22 名，说明当年的工程规模之巨大。

一百五十年来转眼即逝，万历年间，先是明万历二十四年（1596）"重建文殊阁黎殿阁"，接下来是观音阁屋顶琉璃脊刹背面留有"万历三十六年（1608）七月造"等匠师题记，再后来就是万历四十三年（1615），"积衰已甚，赖有住持觉智，秉韦驮愿，发菩提心，巡城乞化，因时完葺"

的碑文[14]。我们颇好奇，是不是这个规模不大的修缮项目并没有得到晋王家的资助？

今天能够看到明末清初太原著名学者傅山（1607—1684）的爷爷傅霖的《□□□围山龙王庙记》，却难以准确追踪到他本人在多福寺的足迹。所幸，清兵入关之初寺庙的衰败状况在清康熙十五年（1676）的《崛围重修多福寺记》里说得很清楚："遇甲申岁，遭寇之变，兵燹迭经。所项颓圮，僧各他方，焚修廖寂，尘客里老登临者莫不惨目恻衷。视此圣境，其不至瓦砾丘墟□□者几希，内外堂墀者亦至荆棘菀筵而已矣。"这里甲申岁当指公元 1644 年明清交替之年。傅山的反清情绪或许由此而益盛。到了这一年，修复工程已经没有了大金主的支持，所赖唯有"附近里人"了。但是从工程持续六年、且碑文末尾提到的"木匠"和"常驮殿施工木匠"队伍以王桂、王成为首多达 18 人来看，当年的工程量应当是相当浩大的。

此番大修之后，清乾隆九年（1744）重修后院地藏殿、乾隆二十四年（1759）重修舍利塔、嘉庆元年（1796）重修观音阁底层藏经窟洞就算不得大工了。后来光绪八年（1882）至光绪十三年（1887）的维修工程因财政困难而遭到耽搁。工程内容包括"藏经楼……继以大雄殿、龙王殿、中院、东西房"，工程项目主要是"一庙百楹之上盖将复重新"，属于屋面修缮一类。

## 寻找官式

作为古寺，多福寺所经历的兴衰、修葺、加建、改建自然也多；作为名寺，令多福寺地位显赫的显然是皇室和名士的瞩目。考察现存碑刻中的信息可知，为多福寺今天的样子烙上最深印记的当属明代以来晋王家族高规格的调调，以及后来康熙到光绪年间的多次重修。其中，寻找明代皇室做法的痕迹则是本章书写多福寺的核心目标。

寺院从山门起，以钟鼓楼、大殿、千佛殿为首，建筑众多，其中

图 3-2-06
多福寺大雄宝殿
正立面图
迟雅元绘

图 3-2-07
多福寺大雄宝殿
擎檐柱内隐藏的正立面图
迟雅元绘，线稿图来自
《太原崛围山多福寺》[15]

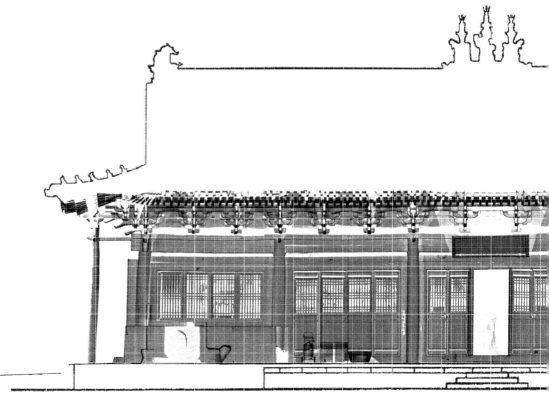

规模最大、像设最崇、装饰繁复的大雄宝殿中的确藏着我们要寻找的官式。

大雄宝殿规模宏伟，特别是殿身之外还加一周擎檐柱（图3-2-06）。从简化了的擎檐斗栱做法来看，这层"面纱"并非始建时候就有，而是后期添加的。借助三维激光扫描的手段，揭开这层面纱之后，我们能够看到原来的檐柱一周之上还完整保留着早先营造时的外檐斗栱（图3-2-07）。

细察之，原檐柱上斗栱重昂五踩，除了撑头木出头做成麻叶云的现状（与晋源的太原县文庙斗栱撑头木出头做法一致）之外，与崇善寺大殿柱头科斗栱撑头木出头相似。此外，这里的斗栱不施斜栱，横栱也不抹斜，更不在常规造型之外附加多余的雕刻，归入官式影像范畴并无不妥（图3-2-08，图3-2-09）。

大殿内部后檐上金步处用内柱，殿内像设得以据此妥当。而前檐下金步的立柱当是后代维修大殿时针对大梁的挠度或者是挠曲隐患而添加的（图3-2-10）。今天用来防护精美塑像免受任性游人侵扰的铁栅栏便借此安装。顺便提一句，我们熬红了眼睛也没有找到当年被研究者们津津乐道的那一则脊槫下的题记，是不是修缮之后专门妥善保存在哪个安全的地方了呢？那可是大殿身世的证书。

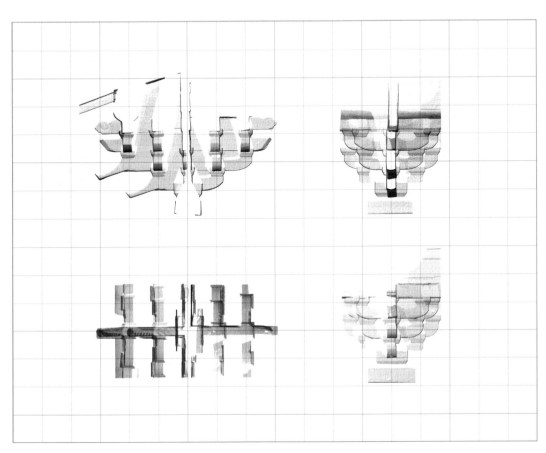

[左页上图]
图 3-2-08
多福寺大雄宝殿
擎檐柱内隐藏的
明代斗栱四视图
迟雅元绘

[左页下图]
图 3-2-09
多福寺大雄宝殿
擎檐柱内隐藏的
明代斗栱轴侧图
迟雅元绘

图 3-2-10
多福寺大雄宝殿
明间横剖面图
迟雅元绘

# 3

# 王琼的关系
## 晋源文庙大成殿

| 晋源文庙大成殿 | | 太原晋源区 |
|---|---|---|
| **指征建造年代** | 明洪武六年（1373）<br>嘉靖二年（1523） | **指征建造行为** 创建／重建 |
| **现存碑刻数量** | 县志记载 2/ 掩埋情况不详 | **现存题记数量** 0/ 覆盖情况不详 |
| **等级规模** | 官方 | **指征匠作信息** 无 |
| **特殊设计** | ◆ 平晋文庙搬迁<br>◆ 高规格重建 | **特殊构造** ◆ 明官式斗栱样式<br>柱头科撑头木出麻叶云，<br>开檩椀承檩<br>◆ 致密攒当设计 |

大明朝立国之后不仅扩建了太原府，在明洪武四年（1371）平晋县被洪水所没之后的两年，还把县治搬到了今天的晋源城，设立了太原县。学者们认为县城里的文庙大成殿就是诞生在平晋的那座[16]，这远远地呼应了府城里的文庙在清代末年水患之后的搬迁，二者仿佛都在冥冥中得到了古老神灵的保佑。

## 终于开放

太原县文庙规模宏大，占地达到周边清源、徐沟、榆次县城文庙的两倍有余，太原古县城修建完成之后，我们对它作了详细考察。

文庙位于太原古县城东部，坐北朝南（图 3-3-01），遥遥呼应着西边东西朝向的关帝庙，大致遵循着左文右武的规范。

我们调查的重点是文庙大成殿一区，更以大成殿为主。因为县文庙虽然幸运得以留存，但庙中很多建筑却命运多舛，原来的古建，如棂星门、明伦堂、敬一亭、尊经阁等并没有保留至今。如今，太原古县城重修之后，恢复了文庙鼎盛的格局，从空中鸟瞰，后半部规模完整（图 3-3-02），甚至有些抢了古老遗构的风头。好在大成殿不仅有自己的台基，殿前还有宽阔的月台，再加上参天的古树和周围廊庑的拱卫烘托，依然庄严宁静如昨（图 3-3-03）。

## 原来是嘉靖时期的样子

早在来到太原古县城之前看照片的时候，我就有一个疑问不能释怀：既然知县潘原英从平晋县故城（今小店区城西村）把文庙迁来的时间是明洪武六年（1373），比建太原县还早，这座建筑便更有可能建于元代或之前——然而大成殿颇为显著的明代官式斗栱又是怎么来的呢？能是洪武时期的作品吗？

于是迫切地想将建筑实物与碑刻文献对应起来——尽管现场已

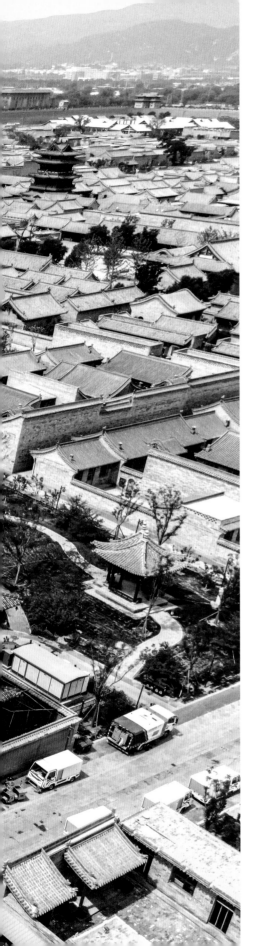

[左页图]
图 3-3-02
太原县文庙
后部院落鸟瞰
刘天浩摄

图 3-3-03
太原县文庙大成殿
正面
刘天浩摄

经找不到重修碑记，也无从察访石碑上不起眼的地方匠人姓名，但好在还有从明嘉靖到清光绪五个版本的《太原县志》。县志里的艺文可以提供莫大帮助。出于古代文庙之于地方的重要性，我们不难找到两位晋源最出名的人物——王琼（1459—1532）和杨二酉（1705—1780）——留下的文章。

王琼写的是《重修先圣庙》[17]。经过梳理，文章中有三个信息非常重要：

信息一，文庙搬迁之后，花了十多年的时间逐步建成，而原本建筑规模有所不足："太原儒学在汾河东旧县城中。国朝洪武辛未（实"亥"，作者注）诏徙县治于汾西，故城之南。六年癸丑，知县潘原英始创建庙学于县治东，规制略具而工未就。越十年癸亥，知县皇甫伯瑄乃克绪成之。若大成殿、两庑，及棂星门、戟门，若明伦堂，时习、日新两斋，下庖、湢、庚、库、馔堂、射圃，官吏所庐，生徒所居，诸舍宇咸备。然湫隘庳陋，不足将裸（实"裸"，作者注）献，动瞻仰，称抠趋；讲肆之地，阅岁荐久，摧落弥甚，莫有任修营之力者……"

信息二，明正德十五年（1520）以来大积土木之材，进行重修准备："又十年庚辰，予叨长铨部，始得言之所司追复前银，且从而增给之，选材任能，分授厥劳，民不讧于其上，官不扰于其下，木者于山，甓者于陶，石者植镘，与休者率于其区，始而力日省焉。既而工，月试焉，川行陆挽，水涌而并积，观者骇，谈者艳，谓材之侈而精也，伟哉加于旧矣……"

信息三，明嘉靖二年（1523）工程完竣，明确记载了"新"大成殿的规模："嘉靖癸未，监察御史左公来按是邦……乃合官属相与咨议，谓藩臬大僚，位望惟尊，宜董兹役。秋八月，大成殿成，其广六楹，崇四十有五尺，深四丈，碧础朱甍，丹楹文榱，象设有俨，豆登在列，父老过焉相与咨嗟，曰:美哉华构，其晋阳诸邑庙学之冠也欤！又阅月，而东西庑成，凡三十二楹，袤四十有六尺，崇一丈五尺，深二丈二尺。又阅月而戟门、棂星门皆成，门各四楹，崇广降于殿而加于庑，爽垲宏丽，增厥常规。然公未以为足也，复命拓地庀材，以次而修其讲堂与馔堂、学舍诸庑废者，又揭制辞为二，绰楔对立于门之左右，期全功焉。"

如此说来，嘉靖二年的大成殿面阔五间，高四十五尺，约合 14.3 米，进深四丈，约合 12.7 米，与今日规模相当。最重要的是，那时的大殿在当地人眼中是"晋阳诸邑庙学之冠"的"美哉华构"，是从未见过的"相与咨嗟"之作。

那么，此之后，对大成殿还有没有大的翻新呢？

另一位清乾隆年间声名鹊起的晋源人杨二酉在《重修学宫记》[18]中说："太原县学宫自明洪武移建县治……至正、嘉以来……始得规模大备，壮丽可观……历三百余年，虽间有修葺，不过因地补苴无专功。唯大成一殿，我国朝于康熙癸亥重修，雍正戊申补修，载在碑乘，尚得完整。其他祠庑堂亭斋署各所，向皆用土基，迭年屡遭风峪，山水犯城壅其隍，城中水不能泻，日渐浸渍，而此地又本洼下，殆无完宇。"因此对于其他殿宇"有挑筑新基起造者，有仍就旧基起垫者，各增厚二三尺有差……是役也经始辛卯（1771）四月，落成癸巳（1772）三月"。

综合看来，大成殿在明嘉靖初年重建之后，仅有清康熙二十二年（1683）的重修和雍正六年（1728）的补修，而现存建筑的特征也表明清代晚期再没对它进行过伤筋动骨的改造。

## 重品大殿的味道

以上的资料准备仿佛帮我们摘掉了一副"寻找洪武"的有色眼镜，看待大成殿的方式便不需那么急迫地验证，倒是可以重新品味大殿的官式味道。

大成殿面阔五间，进深四间，上覆单檐歇山顶，檐下用七踩单翘重昂斗栱（图 3-3-04）。斗栱规格与太原府城崇善寺大悲殿上层斗栱完全相同（图 3-3-05）。二者斗栱之间的差别，只在一些极其细微的地方，

而且集中在角科，比如角科斜翘头起不起棱，昂嘴略厚还是略薄，撑头木是不是全都出头（图 3-3-06）。实际上，比起它与故宫明早期建筑上角科斗栱的差距，此二者之间的不同更是微小呢[19]。

要是放眼建筑整体，大成殿和大悲殿的差异就凸显出来了——前者斗栱紧密排列，后者攒当舒朗（图 3-3-07）。说到紧密，大成殿斗栱的紧密创下了笔者所见的记录。故宫英华殿两攒斗栱之间留下的万栱上小斗间的空档不足半个斗宽[20]（图 3-3-08），本已极小了，但文庙大成殿斗栱之间的最小间距却几乎是零（图 3-3-09）。

如果拿紫禁城的案例来作参照，便能有更大胆的推测。如今广为学者们认定的紫禁城里的明代建筑中，自永乐时期的神武门城楼、钦安殿[21]等建筑算起，压根没有舒朗布置的平身科。今天我们把洪武时期的大悲殿、多福寺和嘉靖时期的大成殿放在一起来看，斗栱布置一松一紧，是从元末到明代建筑口味的转变呢，还是等级制度的松动呢？

图 3-3-07
太原县文庙大成殿
斗栱紧凑布置
刘天浩摄

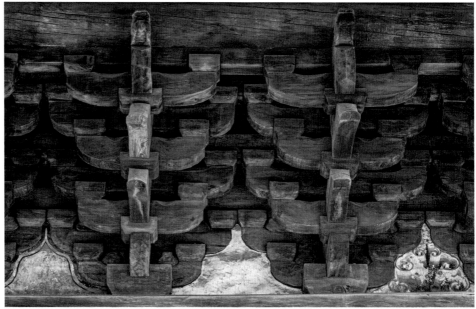

[上图]
图 3-3-08
故宫英华殿
平身科斗栱间距
李越摄

[下图]
图 3-3-09
太原县文庙大成殿
斗栱最小间距
刘天浩摄

# 4

# 一半的官式
## 明秀寺大殿

| 明秀寺大殿 | | 太原晋源区 |
|---|---|---|

| 指征建造年代 | 明嘉靖三十八年（1559）<br>顺治五年（1648）<br>乾隆四十八年（1783） | 指征建造行为 | 重建 / 重修 |
|---|---|---|---|
| 现存碑刻数量 | 3/ 掩埋情况不详 | 现存题记数量 | 0/ 覆盖情况不详 |
| 等级规模 | 民间 | 指征匠作信息 | 无 |
| 特殊设计 | 未见 | 特殊构造 | ◆ 接近官式斗栱做法<br>◆ 昂头尖、薄，昂面略凸曲<br>◆ 转角科、柱头科斗口大于平身科<br>◆ 蚂蚱头后尾做挑斡 |

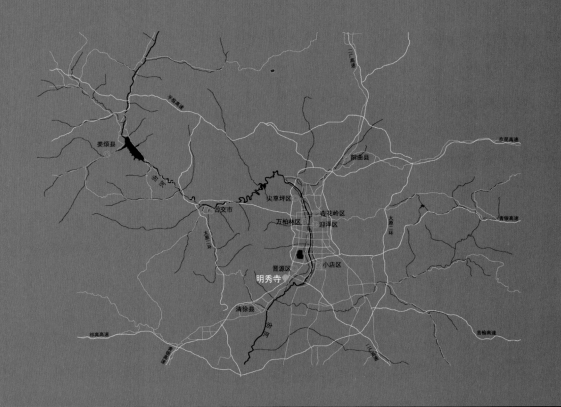

　　一般人看了晋祠，是想不到去明秀寺的。但是无论是要顺道拜访娄睿墓、虞弘墓，还是想串联起太原周边的明代建筑，不去明秀寺，肯定是个遗憾。寺院距离晋祠只有 3.6 千米，就坐落在隔开民宅区和农田的公路旁边，坐西朝东。道路一边，无形的改造的大手把农宅整齐地摆放在了一边，在另一边，绿色的田野千载不变地荡漾着沙沙的田园曲调。下午时分，静寂的远山下孤独的山门前，细数着家常的村民们并没有期待访客的身影。

## 信步

　　明秀寺庭院不深，却因人影寥寥而幽静。

　　山门和钟鼓楼是按遗址复原的新物（图 3-4-01）。穿过山门，便走进过殿所在的第一进院落。过殿是清代遗构，坐落在低矮的台基上，面阔五间，进深六椽，上覆悬山顶。殿内梁架简洁，坛上供奉弥勒佛

图 3-4-01
太原明秀寺外景
赵寿堂摄

坐像和侍童站像共三尊。塑像保存较为完好，人物表情非常生动。过殿檐廊之下有明嘉靖三十八年（1559）、清顺治五年（1648）和乾隆四十八年（1783）石碑各一通。据乾隆碑载："明秀寺始于汉，历载有重修。"始建年代之说是否属实，已不可考。嘉靖碑载，寺于嘉靖二十一年（1542）毁于战火，嘉靖三十八年由一庵和尚"自拾钱帛独力复修"[22]。由各碑记载可推测，现今的寺院格局是在嘉靖三十八年重建时奠定的，后世虽有重修，格局应无大的变化（图3-4-02）。

图 3-4-02
明秀寺鸟瞰
迟雅元摄

图 3-4-03
明秀寺大殿外景
赵寿堂摄

从过殿侧面进入第二进院落。此院由大殿及其两翼的侧殿围合而成，院内尚有三株高大的古柏。大殿的现状基本可以印证建于嘉靖三十八年的记载：面阔五间，进深三间六椽，单檐歇山顶。檐下用五踩翘昂斗栱，斗栱舒朗，出檐深远。大殿整体造型端庄，比例优美，颇具古风（图 3-4-03）。明间檐下悬挂着乾隆四十八年的巨大匾额，上书"便是西天"四个大字，笔法遒劲、结字活泼，实乃书法精品。殿内供奉的金装三世佛、四尊胁侍菩萨、二尊力士均为明塑精品。殿前、后壁和两侧山墙原有壁画 80 余平方米，蔚为大观。而今，北山墙壁画已不幸被毁，殊为可惜。院落北侧的配殿是清代建筑，南侧配殿为原址复建的新建筑。

# 一半官式？

从外观上看，大殿的斗栱用的是单翘单昂五踩的规格，舒朗的分布与崇善寺大悲殿下层檐颇为相似（图 3-4-04，图 3-4-05），耍头斜杀并不凹曲，撑头木出头刻麻叶云等细节做法也是如此。最大的差别在于，为了使受力集中的柱头部位更加牢固，明秀寺的柱头科斗栱的用材明显大于平身科，这在崇善寺中是看不到的。这一变化或许可以归于随着时代的发展，随着斗栱用材的缩小，匠人对于结构稳定性的关注逐步加强。明秀寺的昂嘴相对尖薄，这或许是审美风尚的嬗变（图 3-4-06）。

大殿与崇善寺大悲殿明显不同的地方还有额枋和坐斗枋。坐斗枋之下，明秀寺大殿的额枋截面非常瘦削，高厚比几乎达到 1:4；入柱交接榫卯不必考虑复杂的抱肩抑或回肩做法。坐斗枋出头极其朴素，没有讹角处理（图 3-4-07）。

在没有机会攀爬屋架之前，我们先忐忑地推论：明秀寺大殿的斗栱算得上多半个明官式吧！

图 3-4-04
明秀寺大殿
正立面图
赵寿堂绘

图 3-4-05
明秀寺大殿
侧立面图
赵寿堂绘

图 3-4-06
明秀寺大殿斗栱外观
赵寿堂摄

图 3-4-07
明秀寺大殿
坐斗栱额枋出头细部
赵寿堂摄

## 注释

1. 雍正皇帝语："朕看从前造办处所造的活计好的虽少，还是内廷恭造式样，近来虽其巧妙，大有外造之气。尔等再造时不要失去内廷恭造之势。"参见：中国第一历史档案馆馆藏 . 内务府全宗 . 活计档 3310 号 . 雍正五年闰三月初三日谕 .

2. 根据寺中现存明成化十六年（1480）碑刻记载："太祖高皇帝……特敕封先曾祖晋恭王，以仁智英武之资世守兹邦……不负屏藩之托矣。时孝慈昭宪至仁文德承天顺圣高皇后崩，先曾祖欲建寺萃僧，修礼以报劬劳罔极之恩，及晨昏祝延圣寿……建在洪武十四年，距今百载矣。"清乾隆版《太原府志》卷四八、道光版《阳曲县志》、光绪版《山西通志》中均从未此说，修寺与奉母因果似有矛盾。另有明洪武十六年（1383）建寺说，参见：张纪仲：《太原崇善寺文物图录》，山西人民出版社，1987。

3. 朱元璋：《皇明祖训·兵卫》，《四库全书存目丛书·史部》第 264 册，齐鲁书社，1996，第 185 页。

4. 乾隆《太原府志》卷四八，《中国地方志集成·山西府县志辑》第 1 册，凤凰出版社，2005，第 667 页。

5. 张正明、科大卫等编：《明清山西碑刻资料选（续一）》，《重修天龙山圣寿寺殿阁记》山西古籍出版社，2007，第 408 页。

6. 苗元隆主编《三晋石刻大全·太原市尖草坪区卷》，三晋出版社，2012，第 19 页。

7. 见寺中现存明嘉靖四十二年（1563）碑文。

8. [清]王轩等纂修，光绪《山西通志》卷七九·略七之一·公署略上·官廨，三晋出版社，2015，第 3674 页。

9. [清]王轩等纂修，光绪《山西通志》卷五七·考四之八·古迹考八·寺观各州县历代遗迹·明，三晋出版社，2015，第 2871 页。

10. 黄占均、刘畅、孙闯：《故宫神武门门楼大木尺度设计初探》，《故宫博物院院刊》2013 年第 1 期。

11. 明洪武、万历、清乾隆等朝《太原府志·寺观》，崛围寺在县西北四十里呼延村，唐贞元年间建，并赐额。

12. [清]王轩等纂修，光绪《山西通志》卷五七.考四之八.古迹考八.寺观·各州县历代遗迹·唐，三晋出版社，2015，第 2837 页。

13. 太原市崛围山文物保管所编《太原崛围山多福寺》，文物出版社，2006.

14. [明]朱思明《晋省西山崛围多福寺碑》，现存多福寺内。

15. 太原市崛围山文物保管所编《太原崛围山多福寺》，文物出版社，2006.

16. 姚富生主编《古太原县城》，山西人民出版社，2006，第 23 页。

17. 哈佛燕京图书馆馆藏，雍正九年《太原县志》卷之十三 艺文三，三十一至三十五页。

18. 道光《太原县志》卷十三 艺文，十八至二十页：成文出版社有限公司（台北），1976。

19. 王藏博、徐怡涛：《明清北京官式建筑柱头科、平身科形制分期研究——兼论故宫慈宁宫花园咸若馆建筑年代》，《故宫博物院院刊》2019 年第 8 期。

20. 李越、刘畅、王丛：《英华殿大木结构实测研究》，《故宫博物院院刊》2009 年第 1 期。

21. 刘畅、尚国华、秦祎珊：《故宫钦安殿大木结构尺度问题探析》，《故宫博物院院刊》2015 年第 6 期。

22. 王勇红编著：《明清山西碑刻资料选（续一）》，山西古籍出版社，2007，第 391—392 页。

「适度装饰风

　　民间兴造，自然不似工部营造一般的缠足。深山老林里的名胜，常常是各类匠人的荟萃之地，是比手艺而不见得是比规矩的竞技场。在我们看来，相比于官式，在民间有这么一类作品，其匠人所继承的是自由的基因，而不是存心与官式进行区分的心态。他们所崇尚的是构造之美，也就是以构造的方式添加装饰的味道，而不是被复杂的雕镂之美所取代。他们让官式营造古板的面孔浮出了笑容，甚或带有那么一点点张扬的神色，与第七章中说到的飞扬不羁的做法截然不同。我们或者可以将此称作"适度手法主义"或者"适度装饰风"。太原一带的"适度装饰风"建筑主要体现在斗栱上，装饰手法包括：

　　1. 横栱抹斜——或厢栱，或多处外拽横栱；

　　2. 添加斜栱——往往只于当心平身科加 45 度斜栱各一只；

　　3. 素面昂身适度增加凹曲；

　　4. 蚂蚱头雕刻成比标准做法复杂的纹样；

　　5. 撑头木出头雕刻出比麻叶云复杂的纹样；

　　6. 局部用三福云替代标准栱；

　　7. 栱眼壁使用"超万栱"，以增加攒当，加大彩画装饰面。

　　据我们所见，此类风格在时间和空间上都可以追溯得很远（图4-0-01），而这种怀揣着"适度感"的匠人一般只在上述手法中谨慎地选择二三而已，绝不再添。那些一下子用了三种以上手法的案例，一定还会加上很多很多雕刻，装饰水平和效果一下子就与这些案例拉开了距离。

图 4-0-01
宋金时期横栱抹斜做法
在山西的大致分布
赵寿堂绘

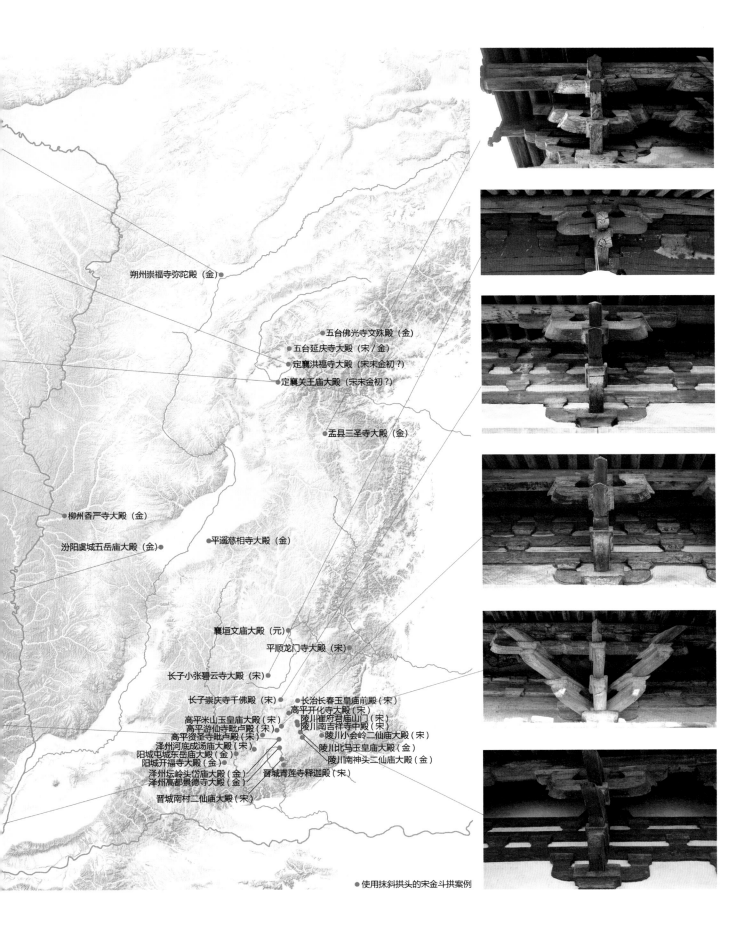

朔州崇福寺弥陀殿（金）

五台佛光寺文殊殿（金）
五台延庆寺大殿（宋／金）
定襄洪福寺大殿（宋末金初？）
定襄关王庙大殿（宋末金初？）

孟县三圣寺大殿（金）

柳州香严寺大殿（金）

汾阳虞城五岳庙大殿（金）

平遥慈相寺大殿（金）

襄垣文庙大殿（元）
平顺龙门寺大殿（宋）
长子小张碧云寺大殿（宋）
长子崇庆寺千佛殿（宋）　长治长春玉皇庙前殿（宋）
　　　　　　　　　　　　高平开化寺大殿（宋）
高平米山玉皇庙大殿（宋）　陵川崔府君庙山门（宋）
高平游仙寺毗卢殿（宋）　　陵川南吉祥寺中殿（宋）
高平资圣寺毗卢殿（宋）　　陵川小会岭二仙庙大殿（宋）
泽州河底成汤庙大殿（宋）　陵川比马玉皇庙大殿（金）
阳城屯城东岳庙大殿（金）　陵川南神头二仙庙大殿（金）
阳城开福寺大殿（金）
泽州坛岭头岱庙大殿（金）　晋城青莲寺释迦殿（宋）
泽州高都景德寺大殿（金）
晋城南村二仙庙大殿（宋）

● 使用抹斜拱头的宋金斗拱案例

# 1

# 斗栱中的斜线
## 窦大夫祠

| 窦大夫祠 | | 太原尖草坪区 | |
|---|---|---|---|
| 指征建造年代 | 北宋元丰八年（1085）<br>元至元三年（1266）<br>清雍正十一年（1733）<br>清乾隆十九年（1754）<br>清嘉庆十五年至二十一年<br>（1810–1816） | 指征建造行为 | 迁建／重建／重修／修缮 |
| 现存碑刻数量 | 19/ 县志记载 1/<br>掩埋情况不详 | 现存题记数量 | 2/ 覆盖情况不详 |
| 等级规模 | 民间，名胜 | 指征匠作信息 | 历代刻碑、施工石匠<br>清代木匠 |
| 特殊设计 | ◆ 南殿、正殿立柱与屋架<br>　平面关系<br>◆ 献殿藻井 | 特殊构造 | ◆ 南殿、献殿、正殿外檐<br>　斗栱<br>◆ 南殿明间补间铺作<br>◆ 西廊外檐斗栱 |

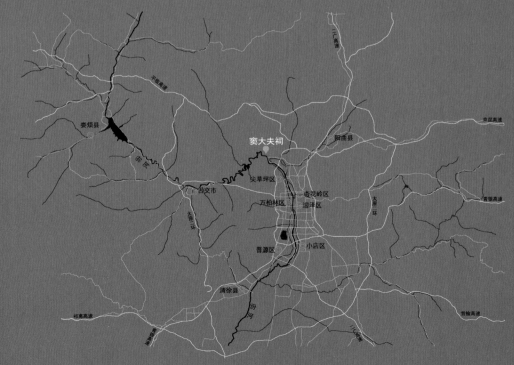

避开度假的时节，从中北大学南门外向西北方向前行，不宽的双车道上偶有车辆通过，城市的喧嚣渐渐远去，山水清幽缓缓呈现。前行约 300 米，豁然开朗，一片小广场处便是窦大夫祠了（图 4-1-01）。

## 碑中简史

为纪念春秋时期晋国大夫窦犨而建的窦大夫祠，地方特色十足。它坐北朝南，北依二龙山，南邻汾水，汇集山水灵秀。窦大夫祠沿中轴线从南向北依次是乐楼、南殿、献殿、后殿。究其历史，必定起先是"里人故立祠"，"庙无碑记"，后来才渐成名胜。历史学家考证，祠庙至少可以追溯到唐代，有李频《游烈石》诗中的"游访曾经驻马看，窦氏遗像在林峦"为证。

在《山右石刻丛编》中记录有金代大定二年（1162）的《英济侯感应碑》，是现存最早的关于窦大夫祠的碑记。碑文中说，窦大夫是英烈，又"能兴云雨"，叫做"英济侯"，还说他与汾阴的"昭济侯"神通相当。北宋元丰八年（1065）六月，祠庙原址为汾水所淹，后迁建于此。

《永乐大典》中记载有窦大夫祠在元代的情况："元至元三年（1266）重建，岁旱祈祷。"[1] 现存于祠内时代最早的题记是后殿板门门盘内侧铸铁的"大元国至元十二年"（1275）字样；最早的石碑要再晚上 70 年，是元至正八年（1348）的《冀宁监郡朝列公祷雨感应颂》。尽管张

务本大人写的文字中没有提及建设或修葺之事，但是碑文末尾留下了一列刻碑石匠的姓名。他们是古丰、安信、安湜政、解居实和张恩。

到了明朝正统元年（1436），大名鼎鼎的于谦巡抚山西期间，代表左都督李谦、监察御史张谦等人写下了《列石祠祈雨感应碑》。碑文后署名的石匠是"古并欧永"——猜测是指并州人欧永。碑上还有万历十八年（1590）七月阳曲道士侯廷□（疑为"珮"）到此的留题。万历三十七年（1609）明皇家宗室朱慎鍋在《保宁寺养赡地亩碑记》中说，当时"释子邢海静……于烈石左建一寺，为古庙翼"，于是这位皇亲还给寺院取了个"保宁"的名字。

现存的真正关乎修缮工程的碑刻是明天启年间的烈石渠工程，真正涉及庙宇营造的记录则已经进入了清朝。我们可以按照时间顺序列数一下。

1. 清雍正十一年（1733）《重修西廊碑记》言及雍正八九年间工程："殿内建造旧有西廊七间，佛殿院有禅室三间，因年远日深，倾倒颓败……倾者起之，颠者扶之，尘网者辉煌之"，并且"创立小院一所"。

2. 清乾隆十九年（1754）《重修烈石□英济祠碑记》未说明具体工程内容。

3. 清乾隆四十一年（1776）重修围墙。

4. 清嘉庆二十一年（1816）《英济侯庙重修碑记》、嘉庆二十二年（1817）《万人碑记》等记载的工程项目最早始于嘉庆十五年（1810），工程量甚大，包括"增建鼓楼一座、角门二座，重修钟楼一座、西廊七间、南殿五间。庙之左旧有保宁寺院落……新作之加山门"。大木匠常义的名字出现在《英济侯庙重修碑记》中。刻字的王植和石匠王守国的名字在上述两碑，以及当时重新抄录刊刻的金代大定二年（1162）《英济侯感应碑》的《英济侯庙碑记》上都有出现。

5. 清道光十五年（1835）《重修膳亭彩画禅院碑记》中所言"膳亭"应指眼前的献亭，而彩画装饰的"禅院"或即庙东的宝宁寺。主持木工的匠人叫仝玉。

6. 清道光十八年（1838）《窦公祠新建乐楼碑记》和《新建乐楼募化捐银碑记》记载当年"祠前高建乐楼"。大木匠还是仝玉，并带领着原万年、郭喜师、王兆瑞一同施工。

7. 清同治二年（1863）《英济侯庙重修碑记》说明当时"殿宇垣墉渐行倾圮"，于是"踵其式而新之"，是一次规模不大的修缮工程。

8. 清光绪二十六年（1900）《重建乐楼碑记》记载，光绪十八年（1892）六月六日"汾水怒发，汹涌异常，越坝襄陵，折堤摧洞，将此楼冲刷殆尽，基址半存"，至光绪二十五年（1899）方得兴工复建，并"随将钟楼壁、鱼池墙以及各处檐台、栏杆、院心修之"。此时的木匠是苗大生。

当然，如果有机会爬到建筑屋架上仔细观察，一定能够发现更多的工匠题记、涂鸦等线索——比如献殿东北抹角梁上支撑藻井的短柱南面即有"大清同治二年三月修理"这样的题记。

## 寻常导览

不管是皇家的、官方的还是民间的，越是古老的、世人瞩目的古建，越不可能是单纯的一个时代的作品，必定是经历过多次改动的。我们对照着窦大夫祠营造史料的重要节点探寻一下这里的历史足迹。

祠庙院外向东，依次并列着窦大夫祠主院、保宁寺、观音阁、赵戴文祠。组成祠堂主院的建筑包括门外乐楼、山门、献殿、大殿和东

[右页图]
图 4-1-02
窦大夫祠总平面图
迟雅元绘

西廊房。此院年代最为古老，也是我们考察的重点（图4-1-02）。

　　先来略览一下庙门外的乐楼。这是一座造型特别的建筑——南侧面阔五间，上覆硬山顶。北侧出三间抱厦，上覆卷棚歇山顶。抱厦下除了两侧的八字影壁外本不应有墙，它是戏曲表演的场所，对着祠庙的南殿（图4-1-03）。乐楼和南殿之间是祠前广场，是观众聚集的空间。有了碑文佐证，我们大致不会在这里寻找到光绪、道光之外的线索。

　　山门，有人称作南殿，是身兼二职的写照。山门两侧是倒座式窑洞，上面建有钟鼓楼。通过对建筑平面的考察，我们或者可以斗胆推测它是清道光十八年所建乐楼之前用作乐楼的建筑。在简单的硬山六椽屋顶覆盖之下，山门南向面阔五间，前金柱列随之五间，并于此设一道隔墙将祠庙内外空间分开，形成了狭窄的檐廊（图4-1-04）。进门之后，

图4-1-03
窦大夫祠乐楼外景
赵寿堂摄

图 4-1-04
窦大夫祠山门南面外景
赵寿堂摄

图 4-1-05
窦大夫祠山门内屋架
与开间转换做法
刘天浩摄

图 4-1-06
窦大夫祠山门北面外景
刘天浩摄

殿内空间豁然宽阔，屋架结构延续至后檐柱，通过大大提高普拍枋用材的做法进行调整（图4-1-05），最终形成北向面阔三间（图4-1-06）。

　　为什么要大费周章地改用北边三间的形式呢？这样一来，用来承重的大额质量必须一下子提高很多——无论尺度还是木料材质。显然，原因在于功能，在于空间使用的目的和方式。回想清道光十八年的《窦公祠新建乐楼碑记》记载，在院外添建乐楼的时候，原来"止于祠内设场献戏、计登香资后一切告罢，殊多抱憾"。祠内"设场献戏"的舞台，则非山门之内向北一侧的室内空间莫属。减少开间数量、增加开间尺度的做法，目的就是形成更大的舞台宽度。实际上，这样的做法虽然不如台口高高在上的独立戏台、过路戏台那么常见，却也是中国古代寺庙戏台设计中的一种惯例[2]。

　　接下来，是山门戏台献演的对象——窦大夫祠核心建筑——由献殿和正殿组成的凸字形建筑。

　　院落东西宽南北窄，院内五株古柏开列两侧，献殿突出于正殿之前，平面为正方形（图4-1-07）。

图 4-1-07
窦大夫祠献殿外景
刘天浩、赵寿堂摄

图 4-1-08
窦大夫祠献殿立柱和柱础
刘天浩摄

　　献殿屋架为歇山顶，翼角翘起如飞。屋面用灰色筒板瓦加蓝色琉璃瓦剪边，色泽典雅。献殿台基低矮，仅用四根角柱，原木立柱粗壮异常，柱础雕刻精美（图4-1-08）。额与枋用材雄大却不失柔美，反衬着雀替显得精美小巧。每面补间用斗栱三朵，五铺作样式，施双昂，昂后尾均用卷头，不做真昂或挑斡。整个献殿比例优雅，有"醇和柔美"之风（图4-1-09）。

　　献殿的藻井最令人惊叹。方形平面的大额之上，用抹角梁内收，进而支撑递角梁，梁后尾插垂莲柱，柱间设额承载藻井。藻井构造为五层，二层为天宫楼阁，其余各层设斗栱，层层内收，由方形过渡到八角形，最后以圆形收束，极尽繁复精巧之能事（图4-1-10）。对于工匠来说，紧密相合的层层构造、转折斜杀的种种交接，背后藏着的是对算法和做法的高精度要求，是熟练的小九九和精湛的木工技艺门槛。正投影的图纸能更加直观和清晰地表达藻井对于技术的要求（图4-1-11）。

　　和献殿相比，藏起来的连体而做的正殿一下子显得不那么起眼了。正殿与献殿共用二柱，基座、屋面也同献殿相连。正殿为悬山屋顶，设有檐廊，廊内外槽柱上斗栱的做法与献殿一气贯通。殿的平面、屋架配合方式与山门有共通之处——向南面阔三间，廊内槽柱改为五间，柱间设置门窗。殿内屋架简明，仅供奉窦大夫塑像一尊，略显空旷（图4-1-12）。

　　还必须要说一说中轴线上几座殿宇的斗栱，那是把窦大夫祠归入"适度装饰风"一类的主要依据。比起上一章的官式做法，我们可以看出，南殿、献殿、正殿的斗栱采用了一些官式之外的装饰做法：

　　1. 南殿的斗栱最具代表性，它分别采用了横栱抹斜、添加斜栱、撑头木出头雕刻成麻叶云等手法。正背面明间补间铺作用斜栱，与40千米外的阳曲县西殿村轩辕面正殿明间平身科做法相比，除了后者昂面凹曲与中出龙头之外，其他形式与细节几乎毫无二致（图4-1-13）——这里考虑到窦大夫祠的始建年代可能追溯到元代，而轩辕庙可能是明代作品，我们分别选用宋、清术语；

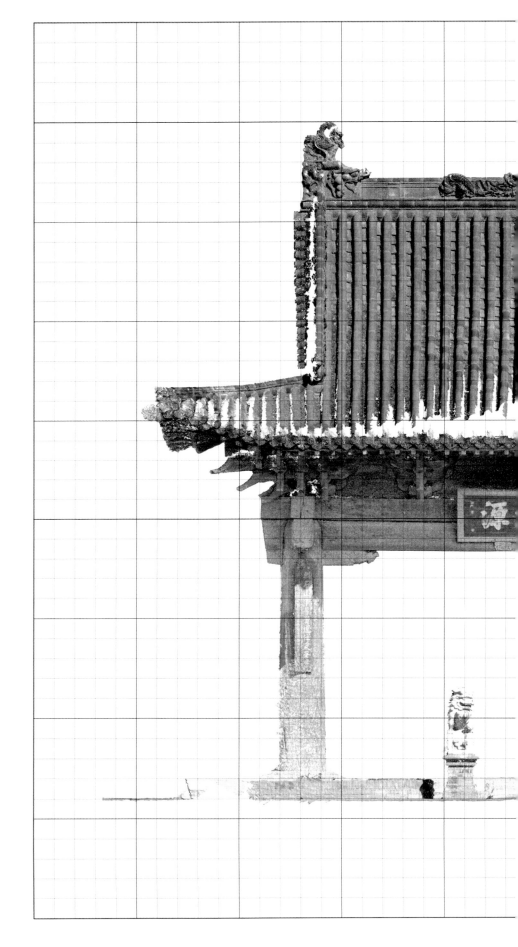

图 4-1-09
窦大夫祠献殿正立面图
迟雅元绘

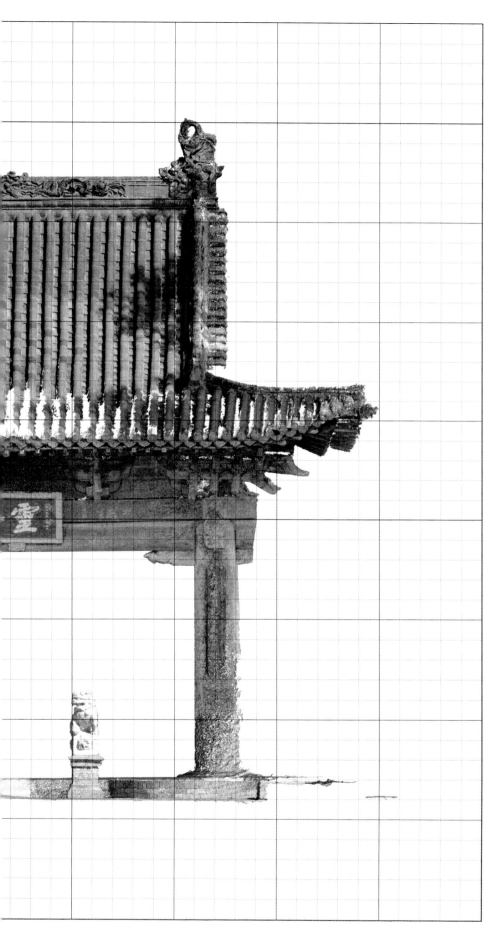

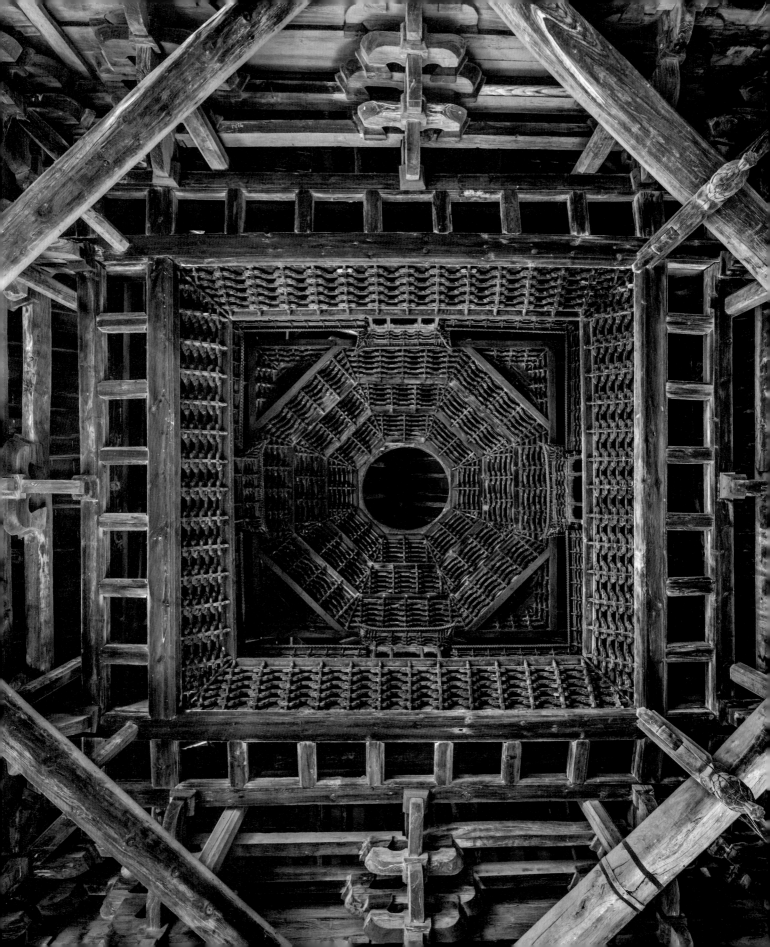

图 4-1-10
窦大夫祠献殿藻井影像
赵寿堂、刘天浩摄

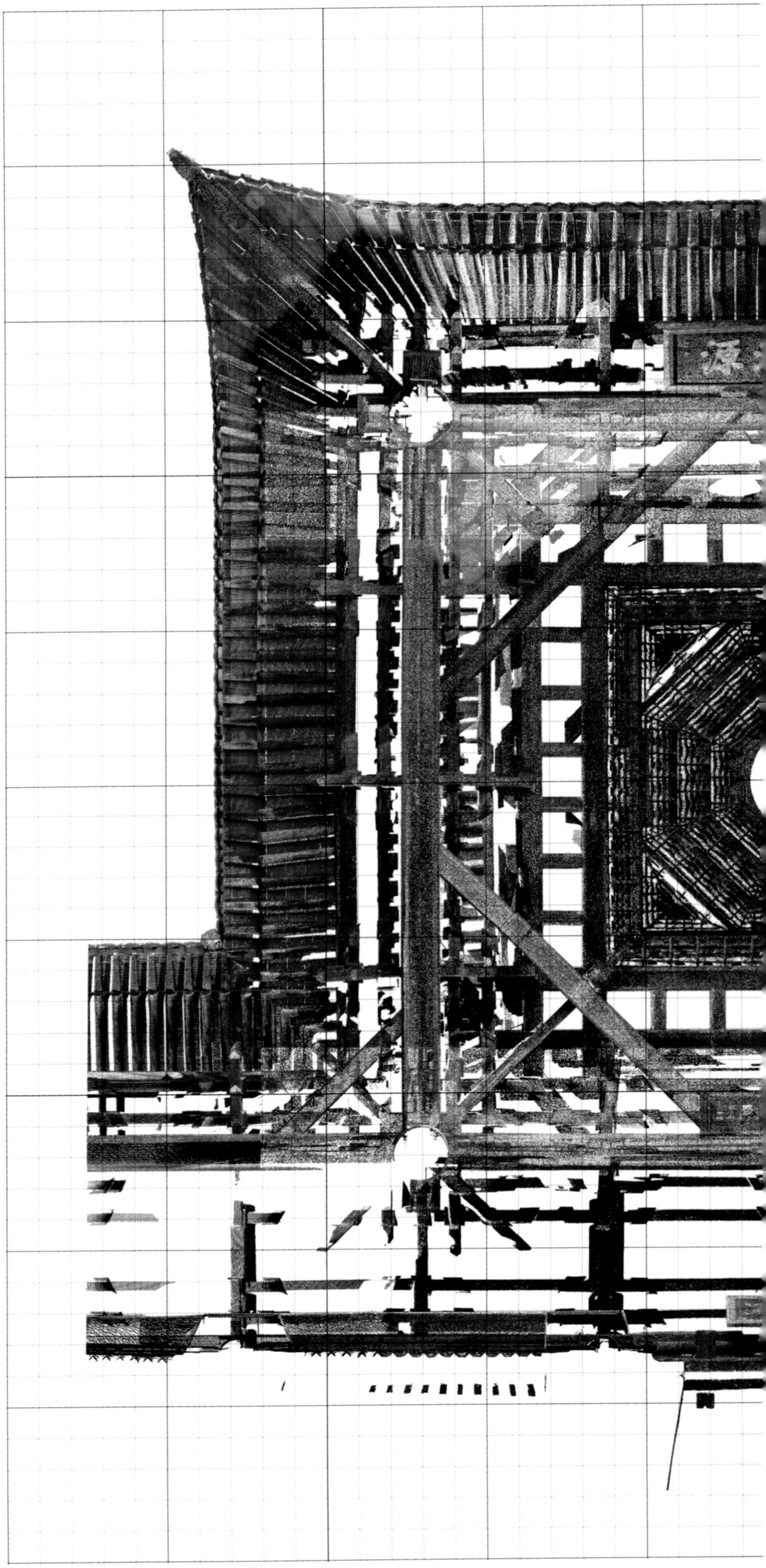

图 4-1-11
窦大夫祠献殿藻井仰视平面点云图
迟雅元绘

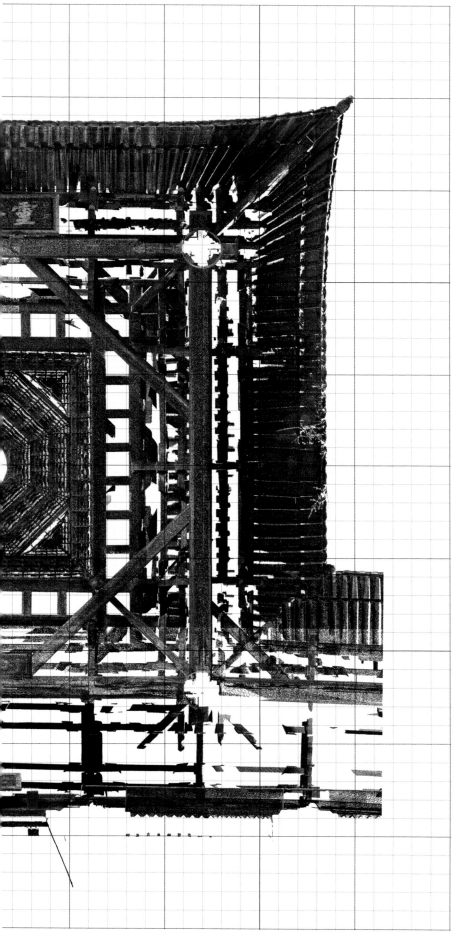

2. 献殿和正殿的斗栱同样是横栱抹斜、撑头木出头雕刻成麻叶云，只是免去了当心的斜栱。

# 线索引申

现有众多研究判断，窦大夫祠现存建筑献殿、正殿为元代遗构，山门为明代所建，余皆为清代建筑[3]。在我们踏勘之后，则捕捉到几则有趣的证据，对于上述判断有所更新。不过，接下来需要展开的研究工作更多，很有必要系统组织研究团队深入挖掘。

简单回顾一下当前得到广泛认可的思路：

1. 因为献殿和正殿前檐斗栱连体，加之板门内侧铸铁"大元国至元十二年"（1275）之证据，把此二者说成是元代的作品总不会错。

2. 山门的斗栱看上去比献殿和正殿的要活泼些——柱头和补间皆用五铺作斗栱，而山门的斗栱后尾撑头木上更加挑斡（图4-1-14）。当心间施45度斜栱一朵。随着时代的发展，斗栱的设计也会走向繁复的"进化论式"的预设，山门被确定为是明代建筑应当说得过去。

3. 至于东西廊房，既然雍正的碑文里有重修的记载，断二者皆为清代所成，似顺理成章。

我们通过对南殿、献殿、后殿、东西廊斗栱正面及侧面三维激光扫描图呈现出来的现象，着手勾勒了两条新的假说（图4-1-15，图4-1-16）：

1. 从南殿、献殿和后殿斗栱部分的正立面扫描点云图可以看出，三者尺度、造型基本重合。历经各种历史因素、自然因素的干扰，通过这种现象可判断，三处斗栱栱长、斗尺度、跳高设计相同。

在此推论，虽然各殿斗栱出跳尺度设计存在差异，装饰构件手法不同，但是三处斗栱极有可能属于同一年代，或出于同一派匠人之手，而他们又极有可能与西殿村轩辕庙的工匠同宗。

2. 从祠堂东、西耳殿正立面扫描点云图可以看出，二者差别显著。其

图 4-1-14
窦大夫祠山门外檐
铺作后尾挑斡
刘天浩摄

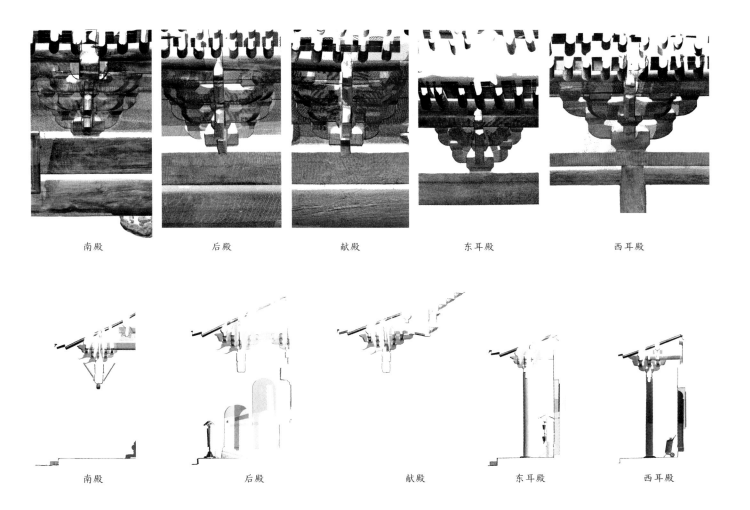

南殿　　　　后殿　　　　献殿　　　　东耳殿　　　　西耳殿

南殿　　　　后殿　　　　献殿　　　　东耳殿　　　　西耳殿

中东耳殿斗栱用材偏小，且外跳上使用了三福云；西耳殿斗栱尺度最大，令栱抹斜，但令栱却保持着与泥道栱同样的长度。

　　对照大量现有案例看，西耳殿的斗栱极有可能归入比南殿、献殿和后殿更加古老的行列——尽管经历了清代的大修，至少斗栱部分很可能是早期窦大夫祠的孑遗。

　　上述假说毕竟只是假说，但是我们必须看到，今人对于窦大夫祠的认识和解读其实还处于相当初级的阶段。

[上图]
图 4-1-15
窦大夫祠南殿、献殿、后殿、东西耳殿三维激光扫描点云斗栱正视图
迟雅元绘

[下图]
图 4-1-16
窦大夫祠南殿、献殿、后殿、东西耳殿三维激光扫描点云斗栱侧视图
迟雅元绘

# 2

# 村寺的趣味
## 轩辕庙正殿

| 轩辕庙正殿 | | 阳曲县东黄水镇西殿村 | |
|---|---|---|---|
| 指征建造年代 | 明成化四年前（早于 1468）；明嘉靖十六年（1537） | 指征建造行为 | 创建 / 重修 |
| 现存碑刻数量 | 7，残碑幢 2/ 掩埋情况不详 | 现存题记数量 | 0/ 覆盖情况不详 |
| 等级规模 | 民间 | 指征匠作信息 | 本村木匠 |
| 特殊设计 | ◆ 庙宇与村落关系<br>◆ 层层升高的院落布局 | 特殊构造 | ◆ 明间平身科斜栱<br>◆ 撑头木挑斡<br>◆ 柱头、金檩错位设计 |

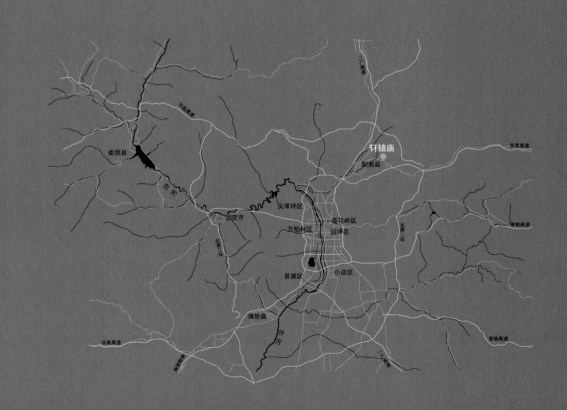

　　不必重复轩辕黄帝庙的悠久,却要说说黄帝在村民心中的地位。20
世纪前半叶,频繁的战争将关帝庙、村阁楼、轩辕庙配殿和旁院的砖都
拆去修了炮楼,却没有人动轩辕庙的大殿。村中九十岁的老人说,更
老的人们还记得,在更古老的平安年代,西殿村是交通要道上的热闹
村庄。轩辕黄帝庙门口的丁字街迎接村民朝拜的队伍,也不乏往来过
客的身影。老人把这些记忆一一写了下来,并且把文稿挂在庙中大殿
内。不知以后的来客还有没有我等的幸运,亲读老人工整而苍然的字迹。

图 4-2-01
西殿村轩辕庙总平面图
刘天浩摄

# 古构

　　轩辕庙坐落在村子的中间，周围包围着更新过不知多少代的民房（图4-2-01）。中轴线上的殿宇们则排列于层层升起的高台之上（图4-2-02），依次是路边的狮子、山门兼戏台、献殿——明弘治十一年（1498）碑刻中称为"南殿"，雍正年间的碑刻中唤作"献室"[4]——古木并植、对称布置的断碑残幢，最后才是正殿。

　　按照清雍正二年（1724）《新盖献室并补修乐亭序》的说法，大门戏台在此之前便存在，尽管后来重修痕迹明显。献殿在此之前可能被彻底毁坏，此时得以"新建"。正殿东西的配殿形制要比山门和献殿古老，然而庙中最为古朴、地位最高、匠作手法最具代表性的还是位于最北边的轩辕殿（图4-2-03）。

图 4-2-02
西殿村轩辕庙鸟瞰
刘天浩摄

图 4-2-03
西殿村轩辕庙
正殿外景
刘天浩摄

# 古人

　　或许是轩辕庙最初建造年代久远的原因，我们在追溯文献线索时发现，地方志和现存碑刻中都找不到它始建的确切年代。庙内最早的一通断碑上镌有"大明龙集弘治十一年（1498）"纪年，并载有洪武年间此庙与阪寺山的渊源，以及"成化戊子（1468）庚寅（1470）复建南殿妆饰"旧事，这也从侧面说明位于庙北端的正殿当年已经存在。

　　一个多甲子过后，明嘉靖十六年（1537）的《重修轩辕圣祖之记》中提到庙宇得到了重修，文末则录有"木匠孟友亮、孟的、孟忠、孟堂、孟益、孟天名、孟天桐"，"石匠赵廷保、郭琦"，"瓦匠苏志川、刘壮、男刘□□刘廷佳、赵公海"，"铁匠石义、男石进朝"，以及"塑匠路□"。

接近三个甲子过后，到了清康熙四十六年（1707）的《轩辕圣祖庙重修碑铭志》，又出现了"南北禅房木匠孟方，钟鼓楼木匠张聚禄"，"范庄村铁笔张奇富"，"南北禅房泥匠张凤，西廊泥匠王北□"，"铁匠石明太"的名字。170 年过后，木匠仍然姓孟，铁匠仍然姓石，虽然没有说明他们的来历，但可以推测他们出生于本村当不会错。50 多千米之外的太山龙泉寺里，明万历八年（1580）的《新建太山观音堂记》中在回顾嘉靖十七年（1538）之营造往事的时候提到当时负责的木匠叫做孟寿。这位师傅和阳曲的孟家不知道有没有关联呢？

## 构架和斗栱

轩辕殿只有三间，用料却丝毫不省。正殿内部用二柱，梁架顶部还用了叉手，整体的气氛朴素而庄重。即便如当年像设林立、壁画鲜艳的岁月，那些远远大于受力所需尺度的更加粗壮的构件，也自然地给室内渲染上沉着的色彩（图 4-2-04）。

大殿檐下的斗栱无论外拽还是内里，风格都很鲜明，是未来在整个中国版图上连缀同样做法的重要线索。

外檐部分，三间当心的平身科都使用了左右伸而出的斜栱，而且在斜栱头跳跳头之上，安设了正出的栱头（图 4-2-05）。这个样式与同样位置也安设斜栱不同，显得稳重而不花哨。这种做法和窦大夫祠南殿当心的斗栱如出一辙。

从廊下看斗栱后尾部分，则不免会惊呼一声——因为斗栱的撑头木一层居然做成了两头"冰球杆"的样子，前端用作撑头木，后端居然弯折成为了金步平身科斗栱出挑的翘头。更有甚者，在这个位置上，下金檩分位并不对准金柱，而是被设计在了金步内檐斗栱向外出跳的地方（图 4-2-06）。这种独特的联系了整个廊深还关系到整体屋架举势的设计，一定就是始建时工匠的想法吧！他是想要避免檐部椽子过长，存心按照归整的尺度安排步架，还是想要为信众让出更深远一些的廊

图 4-2-04
西殿村轩辕正殿内景
刘天浩摄

图 4-2-05
西殿村轩辕庙
南面明间平身科斗栱
与窦大夫祠山门北面
明间补间铺作对比图
刘天浩、刘畅摄

子？未来我们通过精确的测量或许能够写出我们的猜测。再畅想一下，嘉靖时候的孟家木匠理解他的前辈吗？

图 4-2-06
西殿村轩辕正殿廊内
斗栱后尾与金步斗栱
刘畅摄

# 3

# 合作的痕迹
## 净因寺正殿

| 净因寺正殿 | | | 阳曲县 |
|---|---|---|---|
| 指征建造年代 | 明嘉靖 | 指征建造行为 | 创建 / 重修 |
| 现存碑刻数量 | 10/ 掩埋情况不详 | 现存题记数量 | 0/ 覆盖情况不详 |
| 等级规模 | 民间，名胜 | 指征匠作信息 | 石匠白家；<br>乾隆年间本村木匠王加哲，<br>及后代木匠 6 人；<br>另有泥匠、画匠多人留名 |
| 特殊设计 | ◆ 因山势和古迹而<br>铺陈的院落布局 | 特殊构造 | ◆ 斗栱 |

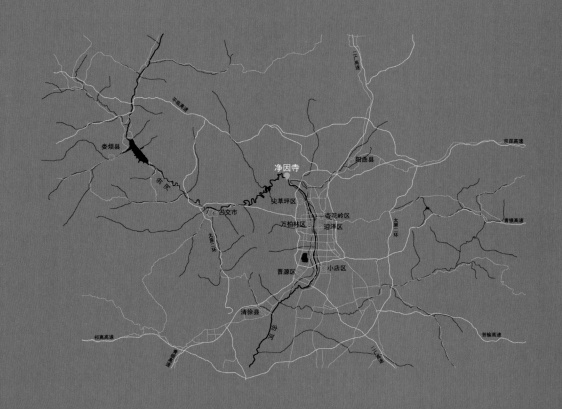

净因寺又名大佛寺，皆因土堂大佛闻名，坐落在窦大夫祠正南 2.2 千米的土堂村土崖下。汾水自西北向东南流淌，将净因寺和窦大夫祠分隔两岸。明代晚期的石匠白氏一家，便活跃在此，把多件作品留在了两岸。他们刻下的碑文记载，汉代此地土山崩裂，现佛形土丘，所谓"山崩佛现，净土因缘"，乃于此建寺，取"净因"二字为名。碑文还说，寺始建于北齐，重建于金泰和五年（1205），明代以后多次重修。至于清代的记载则持续到了清宣统二年（1910）。

图 4-3-01
净因寺大佛阁外景
赵寿堂摄

# 信步

现存净因寺西侧紧邻土崖，坐北朝南三进院落，由南向北依次是半围合的入口院落、大佛堂所在的中院、大雄宝殿所在的后院。

入口院落由倒座式天王殿、东配殿及院墙围合而成，经过天王殿左右的月亮门进入中院。

中院在南北轴线上仅有一间倒座式悬山小殿，小殿两侧设月亮门通向后院。中院西侧为依崖而建的大佛堂，呈前阁后窟样式（图 4-3-01）。前阁创建于明嘉靖二十年（1541）——有当年的《重修土堂阁楼记》为证，今天却已经很难辨认出那些属于明代的建筑特征。阁高两层，面阔三间，重檐歇山顶。窟与阁相接，洞窟深邃，洞内供奉的一佛二菩萨才是主角。大佛高 9 米

图 4-3-02
净因寺后院外景
刘畅摄

余，盘膝端坐，仪态安详，二菩萨恭立左右。三尊塑像造型优美，塑工精良，堪称佳作。洞窟内壁满绘云纹，为空间氛围做了良好的铺陈。

　　穿过中院的月亮门进入后院，正中就是大雄宝殿。殿前有两株虬枝高拔的古柏，东西两侧分别是观音殿和地藏殿（图4-3-02）。大雄宝殿坐落在低矮台基之上，面阔三间，进深六椽，悬山屋顶，设有前后檐廊。殿内，坛上供着三世佛和二胁侍菩萨，坛下立有二护法金刚（图4-3-03）。这里的造像远比建筑出名。东西配殿均为面阔三间、进深四椽的硬山小殿。东配殿正中供奉观音菩萨，十八罗汉分列两侧。罗汉神态各异，造型手法不俗。西配殿供奉地藏菩萨和十殿阎君，塑像保存较为完好。大殿与配殿之间亦设有月亮门（图4-3-04）。过西侧月亮门可以拾级登上土崖，过东侧月亮门可以绕至大殿侧后方——以前后面可能还有院落，不然大殿的后廊便显得非常多余。

图 4-3-03
净因寺大雄宝殿内景
刘畅摄

图 4-3-04
从后院月门看
净因寺大雄宝殿
赵寿堂摄

明末清初大学者傅山曾寄居土堂村，在此游学两载，习字、作画、读书。傅山先生的画作《土堂怪柏》应当就是取景于此吧。现今，寺内古柏虽然已枯，但目睹了时代变迁的建筑和彩塑依然留存着。

# 理一理匠人的名字

现存净因寺的碑刻是考察的重要对象。可以用来抚摸那些石匠曾经亲手镌刻的字迹，也用来穿越一般地想象和揣摩山村里盖起这样房子的匠人的生活环境。

碑中读到最早的匠人还是石匠——明代晚期呼延村刻碑的白家。出现在净因寺碑刻中最早的木匠则是清乾隆二十九年（1764）《重修碑记》中的"本村木匠王加哲"。想到需要明确这个"本村"到底指的是哪里，也想到本村木匠或者不只在本村谋生，因此需要将附近庙宇的重要碑记串起来读一番。

《重修碑记》中提到的村庄有上兰村、西留庄村、官山卯上村、留村、呼延村、干草卯村、横岭村、兰邨村等，多数村名沿用至今，均在净因寺周边。今天寺院所在的土堂村属于上兰街道，当年未见其名，颇疑"本村"指代的就是上兰村。

《三晋石刻大全》之中，以呼延村白家为例，作品见于多福寺、净因寺，后来清乾隆年间的铁笔匠兰邨村苗培泽的名字则出现在窦大夫祠和净因寺，由此可以推知临近的"公共建筑"——净因寺、多福寺、多福寺下寺吉祥寺、窦大夫祠、耄仁寺，还有龙天祠、五龙庙、观音庙等小庙——定然养活了不少周围的手艺人。只是并不知道那些本村的匠人是否归入匠籍，还是平时务农、工期从工。

综合起来看，我们倾向于用更大胆的推理来寻找匠人的信息，好像是在串起小说的时间线——虽然暂时只能把木匠的信息前推至明代：

1. 这一带原本是郊野之地，名胜虽久，真正来此造访的大匠却不见得有几位。明朝正统元年（1436），名臣于谦巡抚山西期间到窦大夫祠写下

《列石祠祈雨感应碑》，而刻字的石匠是并州人欧永——遗憾的是我们还不知道他是不是乡里出身。

2. 明景泰二年（1451），随着一位聋和尚到了多福寺，崛围山下的工匠们也躁动起来，奔走相告着：晋王府的工匠要来啦！

明成化二年（1466），《崛围寺兴复记》碑阴提到了辛海、钟升等 22 位木匠，姓氏多达 13 个。加之碑文中"功德主中贵官王表"大概率是宦官。从后面罗列的"晋府承奉正张泰、典服正王聚、典服副安兴、内宫王庆、潘瑢助缘"等名推测，工程必有晋王府的介入，工匠则有官工相助。当时的石匠有詹和、张伏先、赵允、王希全，他们之间似无亲故关联，或也是官方的"客匠"。

3. 一百多年后的万历至天启年间的几十年里，多福寺、净因寺、窦大夫祠、上兰村五龙庙等都经历过修缮，虽有宗室或官方撰文，但再也没有见到官方匠人的确切参与。[5]

4. 这种情况到了清康熙十五年（1676）在《崛围重修多福寺记》中得到了证实："附近里人人人开颜忻意，若捐数金之外，每施血力之勤，不辞胼胝，竭蹶赴工。"

5. 到了后来，康熙四十八年（1709）修多福寺的木匠苗□亭、高□□、苗之□，乾隆五年（1740）修南石槽村龙天庙的程树，以及在这里修净因寺的王加哲，应当都是出色的本地木匠。再往后的木匠人名越来越多，兄弟相帮、父子相继的关系也更多，不知道其中是不是还能找到他们的后人。

大致看来，在本地木匠的作品中，难以找到成套的、规矩的官式做法。

## 比一比斗栱的特点

如果从建筑本身上来寻找建筑的营造特点，还是要说一说最带有匠人"指纹"信息的斗栱。

无论大佛阁还是正殿，净因寺的斗栱比起多福寺大殿檐下藏着的官式样子轻松活泼了不少，但是仔细看来却也不是出于一款。

躲在后院的正殿仅在明间设平身科两攒，次间每间只设一攒，斗栱排布舒朗，显得最为古朴（图4-3-05），可与覆盆形状浮雕莲瓣的柱础形成参照（图4-3-06）。前檐柱头科斗栱下柱头坐斗枋交接处做彩塑龙头。这并不是本地区常见的遗存。与前檐西次间坐斗枋修缮的痕迹做对比，大致可以推测龙头的年代并不古远（图4-3-07）。

正殿的前檐用的是比较简明的单昂三踩斗栱，并不区分柱头科和平身科昂的用材。细节方面在寻常清代官式的基础上增加得不多，只有少数十八斗和小斗的下部还保存着略微凹曲的轮廓——或者历年的修缮早已抹去了最古老的痕迹。此外，除了官式中也有采用的麻叶云形撑头木出头外，便只有略为夸张的昂下三瓣华头子（图4-3-08）和横栱抹斜（图4-3-09）算得上"装饰音符"。

图4-3-08
净因寺后院大雄宝殿
前檐斗栱侧面
刘畅摄

图4-3-09
净因寺后院大雄宝殿
前檐斗栱正面
刘畅摄

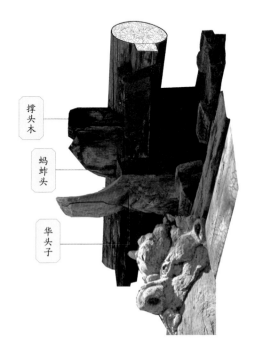

撑头木
蚂蚱头
华头子

　　相比之下，大佛阁的斗栱有所不同。建筑本身上下层檐下斗栱也不相同（图4-3-10）。阁的下层用了与后院正殿同样等级的三踩斗栱，但装饰要点则不相同：平身科的排列密了很多，斗下部并无凹曲的痕迹，昂嘴被雕刻成三福云，平身科厢栱也被做成三福云的形状——一如府文庙大成殿后檐的瓜栱，撑头木出头刻麻叶云，在当心一攒上则雕刻成龙头。阁的上层斗栱却一下子朴素了很多，省去了过多的雕刻，接近官式的样子。

　　由于考察深度和走访周边案例广度的欠缺，更多的历史修缮痕迹、叠压线索，甚至匠人题记还都等待揭示，我们今天对于净因寺斗栱的描述还难以认真展开。

　　不只是太原地区，山西明清建筑丰富而妙趣横生的营造史料还在沉睡，但门外"历史信息大扫除"，使历史更加模糊起来。

# 4

# 本来的面目
## 府文庙大成殿

| 府文庙大成殿 | | 太原市 |
|---|---|---|

| 指征建造年代 | 不详<br>清同治年 | 指征建造行为 | 创建 / 重修 / 搬迁 |
|---|---|---|---|
| 现存碑刻数量 | 大量地方志记载<br>0/ 掩埋情况不详 | 现存题记数量 | 不详 |
| 等级规模 | 官方 | 指征匠作信息 | 未见 |
| 特殊设计 | ◆ 大成殿前檐、两山、后檐斗栱做法不一<br>◆ 大成殿后檐斗栱角科与近角平身科连栱交隐 | 特殊构造 | ◆ 大成殿后檐斗栱三福云代头跳瓜栱<br>◆ 大成殿后檐斗栱横栱抹斜 |

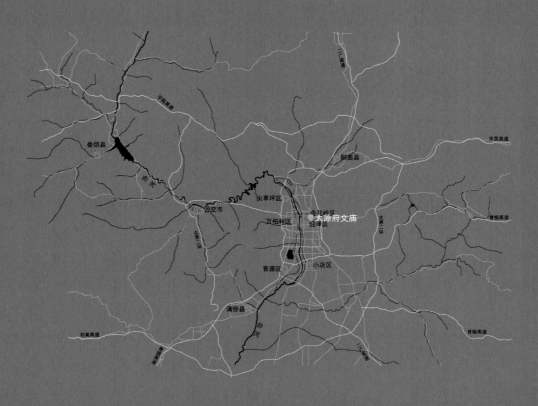

清同治三年（1864）的一场大火焚毁了崇善寺，仅留下一座大悲殿让我们缅怀宏大的寺院旧观，却也给后来文庙搬家至此腾出了位置。太原府文庙原址位于城西，始建于北宋，金、明、清均有重修。清光绪八年（1882），在被汾水淹没后，在张之洞的主持下，文庙被搬迁至崇善寺火灾之后留下的废墟之上。

## 瞻前预习

虽然方志中不乏关于太原府文庙的材料，可《三晋石刻大全·太原市迎泽区卷》中没有找到关于文庙营建历史的碑刻记录。浏览影像材料，虽能看到大量来自各处的石质文物，却无法找到一通碑写下了文庙的身世。这与"理应"看到的古碑林立的样子相去甚远。这一点与晋源太原县文庙的情况类似，是颇令人遗憾的。

考察东洋文库本《山西通志》卷首，有《书庙图》与《县学图》各一卷，是万历本和光绪本《山西通志》都没有的内容。通过这两部分内容，我们可以对明末山西地区的书庙与县学有更深层面的了解，进而对文庙过往的地位颇是感慨。

我们大致统计了一下，《书庙图》共描绘了76处山西著名书庙，每图之左均附文字介绍该书庙之地点、创修时间及大事记。其中半数以上分布在太原，鲜活而确凿地说明明末时期太原地区对于文化的崇尚。

《县学图》则是将山西全境的200余处郡县官学的情况加以著录，择其"规模弘大卓著者三十四所图以形之，以广其传"；随后附上了没有绘制成图的其他县学，并记录了这些县学主要传授的课程。值得注意的是，除了文化史中常讲的四书五经、制艺技巧、楹联撰述等，还特别多出一门"经世要略"。万历本及光绪本《山西通志》均将科举内容安置在《选举志》的序言中，但仅列举了地方官学所传授的基本课程，并无"经世要略"的踪迹。

回到庙堂本身。遥想当年太原府文庙在搬家前后无疑都是文人心

[右页图]
图 4-4-01
太原府文庙总平面图
刘天浩摄

向往之的场所，搬家之举也一定为人瞩目，或者因此也就跟随时代风尚，借用搬迁之机，在原有物料的基础上添加了一些更合时宜的做法吧。

## 清末搬来清代的建筑？

文庙所在的历史街区，道路并不宽敞，今年改造之后仍然安详静谧。文庙西侧是一个狭长的小广场，广场北端立着具有标识性的文庙牌坊，但牌坊后面并不是文庙的真正入口，入口需要穿过广场东侧的博物馆大门，方可进入文庙的前广场（图 4-4-01）。文庙如今已用做民俗博物馆。

图 4-4-02
太原府文庙建筑群鸟瞰
刘天浩摄

　　庙内现存的主体建筑为清代重建，古柏、铜狮、铁钟为明代崇善寺旧物，棂星门前的一对井亭也是。但是今天的问题是：光绪年间搬迁而来的文庙难道没有更古远的遗存吗？面对今天的殿宇，我们怎么认识才能逐步贴近历史原貌呢？

　　目前我们力所能及的通释，还无法串联起太原现存的数量巨大的古代建筑案例，因此也不得不略过前中轴线上的棂星门、门内的大成门、后面的崇善寺等重要建筑（图4-4-02），只在大成殿做一点展开的讨论。

　　大成殿的台基白石砌筑，前出宽阔月台，栏杆、螭首烘托了气氛，显示了殿宇的身份。我们却还没有找到这里石作建造年代的确凿证据，也无从谈起它是不是因着崇善寺旧物改造而成的。所幸，大殿的柱础

图 4-4-03
太原府文庙大成殿台基
赵寿堂摄

做成石鼓的形状，用的也是青灰色的石材，高高挺立着，这让我们可以推测它并非老文庙所有，也绝非官气浓厚的崇善寺旧物，而更似搬迁时新做（图 4-4-03）。

大殿面阔七间，进深五间，上覆单檐歇山顶，檐下用五踩双昂斗栱。大殿内部空间高敞，现已用作儒家文化的展览（图 4-4-04，图 4-4-05）。

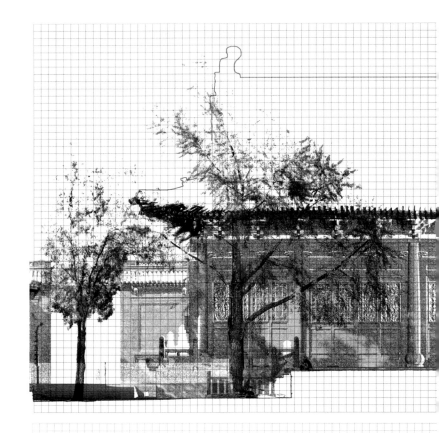

图 4-4-04
太原府文庙大成殿
南立面图
赵寿堂绘

图 4-4-05
太原府文庙大成殿
北立面图
赵寿堂绘

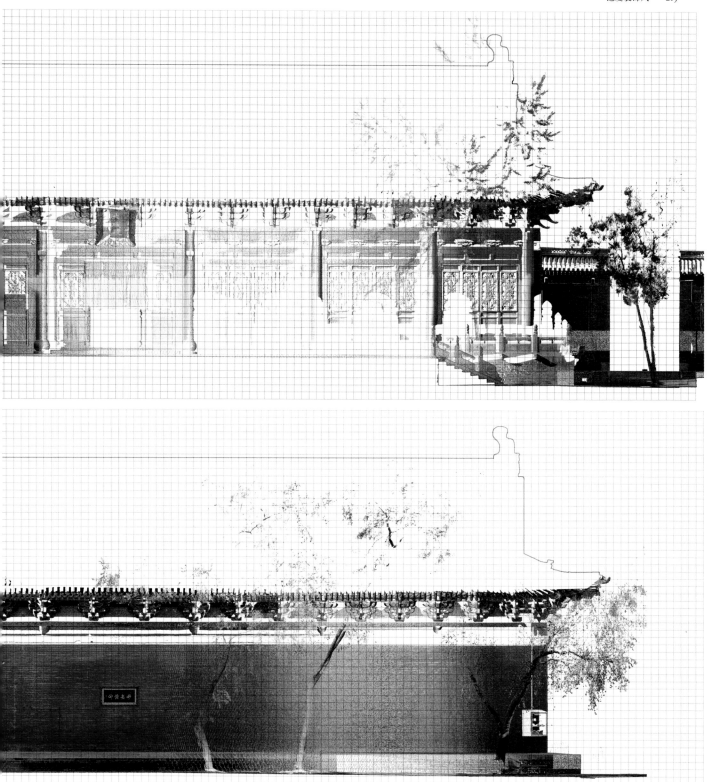

## 大成殿的斗栱

其实，在转到大殿侧面之前，我们一直感觉大殿的斗栱如同柱础一样，都是清光绪年间在搬家工程中匠人的发挥。斗栱上使用了丰富的雕刻：昂嘴卷曲上翘，雕刻三福云；外拽瓜栱、厢栱栱身汉文工字卡子和卷草；蚂蚱头雕刻麻叶云；撑头木出头镂雕浮云；外拽横栱抹斜（图4-4-06）。

然而，到了大殿的侧面，雕刻一下子少了很多，背面也是如此：昂嘴不再雕饰；外拽瓜栱做成了三福云，而其他横栱保持素平；蚂蚱头舍去了雕刻装饰；撑头木出头刻麻叶云；外拽横栱抹斜（图4-4-07）。到了角科，撑头木也省去了出头，并与近角平身科斗栱连栱交隐（图4-4-08）。

从这个对比出发，我们或者能够大概推想出光绪八年张之洞和主持工程的大木匠之间的商议。那是新帝继位后不久，太原旱灾水灾交替，位于城西水西关的文庙不得不搬家。新址定在崇善寺废墟之上，既省去了拆房辟地，又恰恰符合"左文右武"的礼制习惯。经过灾患，还要经过拆卸和重组，老房的物料定难齐备，老房的装饰也定然不尽

图 4-4-06
太原府文庙大成殿
前檐斗栱
迟雅元摄

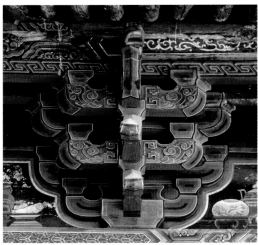
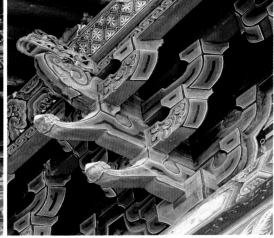

图 4-4-07
太原府文庙大成殿
前后檐斗栱对比图
迟雅元摄

图 4-4-08
太原府文庙大成殿
后檐角科斗栱
刘畅摄

　　如当时的风尚。于是乎，前檐追随时代潮流，两山和后檐拾遗补缺便成为不二的选择。

　　一句话，适度装饰风才是府文庙大成殿斗栱的本来面目。

# 5

# 又一半官式
## 开化寺大雄宝殿

| 开化寺大雄宝殿 | | 阳曲县 | |
|---|---|---|---|
| 指征建造年代 | 明正德六年（1511）<br>万历三十五年（1607） | 指征建造行为 | 搬迁 / 重修 / 大修 |
| 现存碑刻数量 | 11/ 掩埋情况不详 | 现存题记数量 | 2/ 覆盖情况不详 |
| 等级规模 | 民间 + 皇室敕建 | 指征匠作信息 | 崞县和尚，木匠不详 |
| 特殊设计 | ◆ 天王殿歇山顶；<br>大殿悬山顶 | 特殊构造 | ◆ 每间 2 攒平身科<br>◆ 厢拱抹斜<br>◆ 柱头、平身科用材一致；<br>撑头木皆出麻叶云<br>使用"超万栱" |

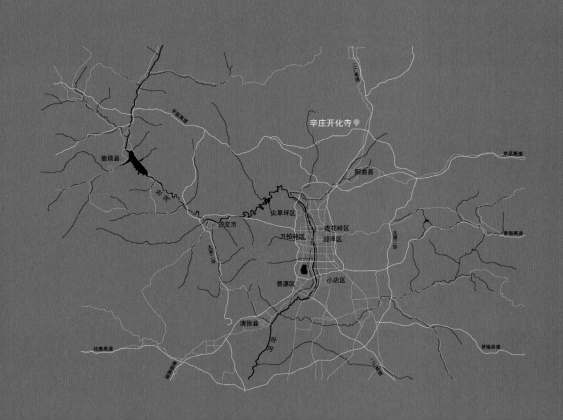

辛庄也作"新庄"，位于大盂盆地东北部的阳曲县高村乡，北依卧虎山，南对平野，东眺小五台，西望老爷山，北高南低，地势平缓，是太原去往五台山的必经之地。村东北有一处三进院落的寺庙，叫开化寺，也作"开花寺"。虽然新建的前门和后大殿颇显得蛇足，但是毕竟为我们留住了从天王殿到大雄宝殿一院老屋，也留住了11尊泥塑佳作（图4-5-01）。

## 有碑可循

开化寺寺名便自带古老的气息，而寺中现存碑刻也证实了这一点。寺内保存有古代碑刻11通——院中经幢1座，天王殿前碑记2通，大殿前8通。我们对其择要梳理一下。

天王殿前金大安年的经幢，字迹已经模糊莫辨，但仍然能与阳曲大盂慈仁寺隋唐"为国敬造佛顶尊胜陀罗尼幢"并称。它呼应着清乾隆二十八年（1763）《移建开化寺碑记》记载，开化寺原在辛庄村西南，因地势低洼，常遭水患，于金皇统年间（1141—1149）移建至今址。

明嘉靖十九年（1540）的《重修开化寺法济禅院碑记》。这通碑首刻着"敕建碑记"四字，落款有"晋潘方山王府奉国将军表□"。第二代方山王朱钟铤早在成化十六年（1480）就被革爵，而这位郡王后人表字辈的奉国将军，是因为朱钟铤革爵之时并未影响他同辈弟兄的镇国将军封号，所以得以延续。[6]碑文中说："敕建法济院肇自（辽）天庆始。"而重修之举并非闭门造车，而是"诣崞阳特请硕德名僧阔大器重建宝殿三楹内塑三身"，尔后"重修东西两廊、伽蓝圣贤天王殿三楹、钟楼一座，垣墉更易，宅砾更新，殿堂门庑黝垩丹添"。该工程"工始于正德辛未之秋，落成于嘉靖庚子之冬"。

明万历三十五年（1607）碑刻，碑上写着："于嘉靖末岁张凤施地四亩，先人复添补南殿门、阁楼基、禅室及环筑垣墉等，厥功不可尽述，而规制聊且完美"，"延至万历间物数将穷而寺制渐颓"。而这次修缮的内容主要是"（北边的）子殿七檩，佛祖三，而水陆壁绘；（南边的）午殿转角，天王四，而金碧交辉；东庑列罗波，西廊排阎君；伽蓝之堂位于东南之左，武安之祠奠于西南之右。石基有二，一则建门阁而北极面于前，一则笠重楼而金钟悬于上"。

其他几通分别是明崇祯九年（1636）、清乾隆十六年（1751）、清乾隆四十六年（1781）、清嘉庆十九年（1814）等的历次重修碑。

如此看来，寺中殿采用歇山顶而大雄宝殿仅用悬山顶的奇特形制，至少可以追溯到明正德至嘉靖年间的重建，万历年和以后的修缮都一直尊重了这种搭配（图4-5-02）。深究建筑、造像和彩绘的细节问题，对照上述碑文中所反映的正德、嘉靖间大殿、三佛像、天王殿、天王像，以及万历年间大修的一南一北"子午"二殿、大殿七檩三佛、天王四

图 4-5-02
辛庄开化寺天王殿至
大雄宝殿院落鸟瞰
刘天沽摄

尊等，至少说明万历时期的工程以彩绘装饰为主，如果正德时期的颜料难以寻找的话，或许万历时期的色彩还在哪个角落等待着我们发现。

## 官民混合

　　说辛庄开化寺中最想讲的是大雄宝殿，其木构中仍能嗅得到强烈的明代官式和民间做法的双重味道。这种味道要比在别处建筑上清晰一些。

　　大殿座北向南，面阔三间，进深三间带前廊，用悬山顶，琉璃瓦剪边。前檐下斗栱重昂五踩，每开间各两攒平身科，排布舒朗；斗栱占据立面比例远超清工部《工程做法则例》规定的比例——总高 70 斗口，斗栱高 11.2 斗口。所以，大殿等级虽卑微，但仍颇有雄大的气势（图 4-5-03）。

　　一眼能看出，斗栱下的坐斗枋和额枋采用了接近宋《营造法式》平坐上普柏枋、阑额的样子。斗栱带有些官式意味，却将蚂蚱头雕刻成龙首含珠，将撑头木伸出捧檩并出麻叶头。与本章其他案例一样，厢栱也专门抹了斜线，柱头科与平身科用材一致。最为有趣的是，在

图 4-5-03
辛庄开化寺大雄宝殿正面
刘天浩摄

正心位置，瓜栱、万栱之上，居然采用了更长的"超万栱"，使得略显松散的斗栱之间有了更微妙的联络，同时也为栱眼壁留出了更高的绘画装饰空间（图4-5-04）。

　　毕竟，这位奉国将军已经被非常边缘化，官样工匠的资源也并不强大。今天还没有足够的素材帮助我们深究这种"适度装饰风"的运用到底是被动偏离官式的原因，还是时代好尚的转变；同时，我们也不

图 4-5-04
开化寺大雄宝殿斗栱
刘天浩摄

图 4-5-05
开化寺大雄宝殿内檐
彩塑影像
刘天浩摄

知道皇家的特使去崞阳县请到的高僧是不是也带来了新的建筑做法。

　　大殿之内，屋架简明无华，令人目眩的则是 11 尊精美的彩塑（图 4-5-05）。在这里，我们不妨把多福寺大殿中的佛像和天王像拿来与它进行一下对比：两处佛像等级有别——尺度差异巨大，面部造型、身体比例和服饰略有差异，而一座一背光搭配模式和装饰主题则一以贯之（图 4-5-06）。

图 4-5-06
辛庄开化寺大雄宝殿
与多福寺大殿之佛像
对比
刘天浩摄

图 4-5-07
辛庄开化寺大雄宝殿
与多福寺大殿之天王
像对比
刘天浩摄

　　两处天王像两两并置着看，其面部造型、姿态、身体比例、兵器和服饰差异也是存在的，但是似乎共享着一种相当浓厚的气韵，或许可以归于"王府系"造像的气息（图 4-5-07）。

## 更加大胆的天王殿斗栱

　　尽管这样的行文并不适合参观流线，但看过大殿回过头来看天王殿，还是能更加凸显天王殿的特点的（图 4-5-08）。

　　简单地说，天王殿不能归到"适度装饰风"一类——虽然只是出一跳的三踩斗栱，但其结构选型、变化和装饰都超乎一般所见：

　　1. 平身科、柱头科、角科的内外拽、横栱均做抹斜。

　　2. 内外外拽正出的出跳之上用蚂蚱头，而蚂蚱头之上，撑头木再做出头，并采用麻叶云形式（图 4-5-09）。

　　3. 内拽部分，平身科、柱头科有余地之处，均在撑头木之上施挑斡，上彻金檩子，以花台枋、花台科斗栱承托（图 4-5-10）。

　　4. 外拽部分，柱头科左右均出斜栱，斜出的蚂蚱头和撑头木出头结

[上图]
图 4-5-08
辛庄开化寺天王殿正面
和背面
刘天浩摄

[左下图]
图 4-5-09
辛庄开化寺天王殿斗栱
细部
刘畅摄

[右下图]
图 4-5-10
辛庄开化寺天王殿斗栱
内拽情况
刘畅摄

合在一起做成龙头式样（图 4-5-11）。

5. 外拽部分，角科为了配合柱头科的韵律，大胆打破了常规做法，居然照搬柱头科，角梁之下除设角昂、由昂之外，沿着抹角的方向再出斜昂。同时，为了配合角昂、由昂、角撑头木的组合方式，抹角方向的蚂蚱头被做成龙头，撑头木则保持了麻叶云（图 4-5-12）。

我们从斗栱做法、尺度，及其与建筑整体之间的比例关系来看，至少说明大殿和天王殿绝非一批匠人的作品。大殿前的碑文中提到，明正德到嘉靖年的那次大工，"重建宝殿三楹内塑三身……重修东西两廊、伽蓝圣贤天王殿三楹"……天王殿前的清乾隆十六年《重修天王殿佛殿两庙关帝伽蓝庙碑记》中则说，当时的工匠"不啻公输之能"，暗示着当时重修木作的工程量一定不小。可是除了推测天王殿大木结构的做法要比大殿迟，并不是早期庙宇的孑遗外，我们还是不敢断言天王殿的建造年代。

不想含糊其辞，却又暂时无能为力。抬头看着天王殿室内帅气的屋架（图4-5-13），期待着能有在脚手架上精细测量的机会。

## 注释

1. 马蓉、陈抗、钟文、栾贵明、张忱石点校《永乐大典方志辑佚·山西省·太原市·太原志·祠庙》，中华书局，2004（第1版），第217页。

2. 车文明：《中国古代剧场史》，商务印书馆，2021.

3. 黄静静：《窦大夫祠古祠建筑形态分析》，太原理工大学硕士论文，2009；夏惠英：《山西太原窦大夫祠维修设计综述》，《科学之友》下，2013年第9期；李荟：《太原窦大夫祠献亭藻井初探》，《中国建筑装饰装修》2021年第4期。

4.《山西古建筑档案》中称为"献殿"，是参考雍正元年碑刻中"献室"的说法。然就其三开间设门窗等做法来看，雍正后或经过较大的改造，功能也发生了变化。张兵、兰艳凤、石磊：《山西古建筑档案》，三晋出版社，2021，第1—5页。

5. 参见：多福寺，明万历二十四年（1596）《重建文殊阁黎殿阁碑记》，万历四十三年（1615）《晋省西山崛围多福寺碑》；上兰村五龙庙，万历三十六年（1608）《五龙王庙碑记》；净因寺，万历三十七年（1609）《保宁寺养赡地亩碑记》。

6. [明]朱国桢《涌幢小品》卷五·宗案："晋府方山王钟铤，有罪革爵，并削故镇国将军钟鏄封号。初，钟鏄无嗣。夫人张氏与其父珇及母孙氏谋收弟之有娠者入府生子，以为己子。钟鏄亦与其谋。方山王为扶同，奏请赐名奇浃，已而得封。至是为人发其事。且及王近狎乐妇，杖死无辜，暨纳赇等罪，命太监尚亨及刑部郎中张锦等会官核实，下都察院，具狱以闻。命革钟铤爵。钟鏄已故，削其封号；珇及孙氏皆斩。张氏奇浃赐自尽，余皆坐罪如律。仍下敕切责钟铤曰：高皇帝封建藩屏政，欲子孙相承，永享富贵。奈何尔身居王位，贪淫酷暴，又甘与异姓为骨肉，得罪祖宗，贻羞宗室。廷议金谓紊乱宗支，难以轻宥，兹特革尔王爵禄米。尔其怨天乎？尤人乎？噫！尚其悔悟之。仍录其事，遣书遍示诸王。"

顽皮的短栱

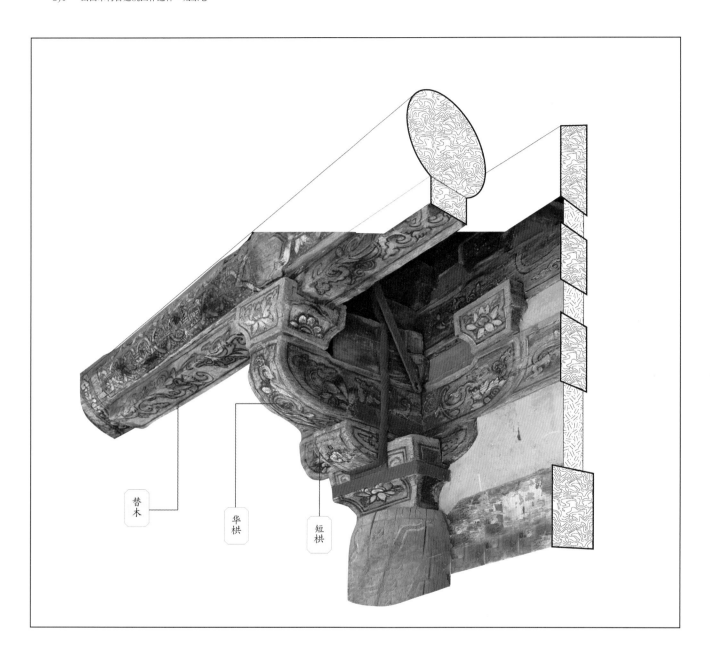

替木

华栱

短栱

图 5-0-01
平顺龙门寺西配殿
斗栱细部
李泽辉摄

　　替木式短栱（以下简称短栱）是在栌斗上先施一层十字相交的替木，高度只及栌斗口，其上再相应地承托出跳栱和横栱。以现存实物看，最早的案例可以追溯到五代建筑平顺龙门寺西配殿（图 5-0-01），和应县佛宫寺释迦塔五层铺作（图 5-0-02）。平顺龙门寺西配殿替木呈栱瓣状，唤之"短栱"最是恰如其分，在后世案例中，有延续早期做法者；有两端刻成蝉肚式样者，其上横向施翼形栱，出跳方向用华栱或假昂头，也有刻为卷云式者，与上面栱身三幅云雕刻、昂嘴雕饰相映衬[1]。

　　坐而论道一下：小短栱的制作者们理应也懂得普通斗栱的做法，而采用短栱的原因，则或者出于介乎两个铺作等级之间的规矩考虑，或者非要彰显自己的门派。具体到太原地区，因其三晋枢纽的地理人文特点，此做法的出现并不令人吃惊，反属必然。然而，是否可以通过探究太原地区短栱的使用情况，引出匠作流派传播路径的一些线索呢？这是我们关注的重点问题。

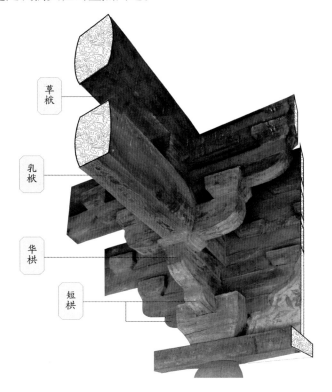

草栿

乳栿

华栱

短栱

图 5-0-02
应县佛宫寺释迦塔
五层斗栱细部
李泽辉摄

# 1

# 短栱的基因
## 城隍庙

| 城隍庙 | | 清徐县徐沟镇 |
|---|---|---|
| **指征建造年代** | 大金之中年<br>明成化间（1465–1487）<br>清康熙三十九至四十一年<br>（1698–1702）间<br>清咸丰年间（1851–1860） | **指征建造行为**　创建 / 加建 / 重修 /<br>修缮加建 |
| **现存碑刻数量** | 2/ 掩埋情况不详 | **现存题记数量**　0/ 覆盖情况不详 |
| **等级规模** | 官方 | **指征匠作信息**　1人，康熙年间，梗阳本地，<br>陈华 |
| **特殊设计** | ◆ 山门、乐楼、钟鼓楼组<br>　合设计<br>◆ 悬山顶大殿，每间仅施<br>　平身科一攒 | **特殊构造**　◆ 使用替木式短栱 |

　　根据研究者的统计,"至元代,'替木式短栱'做法流行且集中在晋中汾州(今汾阳)区域,现存于汾阳、孝义、介休、灵石等县的绝大部分元代建筑均使用这种做法,甚至在仿木构砖室墓中也有使用"。明清时期,该做法在晋西南、晋中吕梁山以西、晋北、陕北绥德地区、河北张家口等地区建筑群中成组成片出现,相当流行[2]。我们的徐沟城隍庙是使用短栱的案例,它距离汾阳80多千米的路程。

## 两进深院

　　平遥古城的文庙和城隍庙前后相随,只隔一街;徐沟的文庙和城隍庙则是东西并置左右紧邻,仅隔一墙(图5-1-01)。对着今天的照片,

图 5-1-01
徐沟文庙、城隍庙
总平面
刘天浩摄

[右页图]
图 5-1-02
徐沟城隍庙大门
外景
刘畅摄

图 5-1-03
徐沟城隍庙大门
外景
刘畅摄

大致能推想出古时候文庙门殿谦逊，门前序列森严，而城隍庙则门楼高耸，体型热烈隆重（图 5-1-02，图 5-1-03）。

　　城隍庙和文庙大门之间是清康熙初年修建的奎楼，北边对着文庙的启圣祠[3]。而城隍庙的大门之内用作戏台——明间用大额，给表演留出了更宽的台口；立柱之上，原本安装有地台地板的痕迹仍然存在。这个痕迹也说明了今天的地面与当年地面之间的差异。戏台之内是深深的院子。院子的进深超过一般庙宇的常规，南北长度比两配殿东西间距的三倍还要大——虽然能够容纳很多人看戏，但站在正殿之前恐怕难以看清戏台上的表演（图 5-1-04）。

　　遥对戏台的是城隍庙的正殿（图 5-1-05）。殿前有清代晚期加建的抱厦，用作献亭。献亭的梁架穿插到正殿的构架当中，是加建工程的常见做法。斗栱则如同大门外抱厦一样，也做出了短栱（图 5-1-06）。

　　穿过正殿，便是城隍庙的第二进院落。院落宽度大于进深，气氛静谧，即便少了两边朵殿的陪伴，依然烘托出后面寝殿的安详（图 5-1-07）。

图 5-1-04
徐沟城隍庙内
自正殿南望乐楼
刘天浩摄

图 5-1-05
徐沟城隍庙正殿
外景
刘畅摄

图 5-1-06
徐沟城隍庙正殿
抱厦细部
刘畅摄

图 5-1-07
徐沟城隍庙寝殿
外景
刘畅摄

## 两篇碑文

我们在清徐的走访很难看到保存在原址的碑记。徐沟城隍庙中也是这种情况。在无法查阅到更多官方档案资料的情况下，我们借助李中、郭会生两位老师在《清徐碑碣选录》中公布的资料，粗略地梳理出城隍庙过去的营建往事。

第一篇碑文是未公布时代的《重建城隍庙乐楼碑记》[4]。所幸文中有"康熙戊寅"（1698）开工纪年，工程"阅二岁始落成焉"的记录，且碑文的撰写人刘宏辅是清康熙四十一年（1702）的岁贡生。碑上称呼他为廪生，更可确定碑记的年代在康熙三十九至四十一年之间。考碑文细节，我们还可以知道：

1. "徐之城隍庙，当宋南渡时，建于大金之中年。"

2. "明成化间（1465—1487）建乐楼于庙门……世传为紫薇观之飞仙所造。"另据康熙版《徐沟县志》载，这位飞仙是县城西北郝村紫微宫的一名道士。

3. "康熙戊寅（1698）秋九日，耆民赵文学诸人遍觅工师，得梗阳陈华……"，"欲由卑至高，必取义于渐，必积分而成寸，积寸而成尺，与石渐加"，终将乐楼"增高三尺，施美五彩"。

通过以上记录可以大致判断，乐楼建成200多年以后，康熙年间的修缮抬高了乐楼，但仍然保持了明代的主体木结构做法。

第二篇碑文是清末贾联芳的《重修城隍庙碑记》，记录了咸丰年间（1851—1860）的重修工程[5]。当时的工程包括"先垫筑地基，较高数尺，土木并兴，绘画兼施"，"或仍旧基，或施新造"。影响到今日之面貌的具体内容可归纳为以下三项：

1. 在乐楼"东西两翼增建钟鼓楼，下豁以门，便出入也"。

2. "正殿寝宫前后，两庑缘旧址详细加营缮"，说明今天所见的配殿正是成于咸丰时期。

3. "殿下新构献亭"，恰能解释上文中对于献亭的观察。

　　当然，不数年前，这组建筑群被风雨剥蚀和人为改造得几乎面目不清，最近的重修工程确实保持了庙貌的完整。

## 两座重点建筑

　　历次修缮其实并不能完全掩盖古老的营造线索，只是确实需要今人更加仔细地观察，另外也依赖于当年重修者谨慎、尊敬的态度。我们发现，在城隍庙中，乐楼和寝殿两座建筑中保存了最为古朴的斗栱做法。

　　首先是山门和乐楼的连体建筑。从门外观之，城隍庙大门由重檐的门楼和外接抱厦组成三重屋檐，并得到了两侧钟鼓楼的烘托。从院内观之，在戏台之上也加了抱厦，与门外的门廊形成了呼应。细观之，门外抱厦斗栱采用了替木式短栱的做法（图5-1-08），而门楼的两层外檐斗栱（图5-1-09）和戏台抱厦的斗栱（图5-1-10）则并未如此，仅横栱抹斜并在转角处出双向斜栱，却在门楼上层外檐两层斗栱之下隔架科上用了短栱。

　　联系庙中其他建筑的特点来看，山门外抱厦的斗栱和咸丰年间加建的献亭斗栱极其相近，六个特点一一吻合：用三踩斗栱、下用短栱、

图 5-1-08
徐沟城隍庙大门外
抱厦短栱做法
刘畅摄

图 5-1-09
徐沟城隍庙大门门楼
斗栱做法
刘畅摄

图 5-1-10
徐沟城隍庙戏台抱厦
斗栱做法
刘畅摄

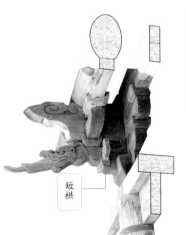

短栱

短栱头上小斗上插三福云花板、昂嘴雕刻龙头、横栱抹斜、蚂蚱头凹曲且与撑头木出头所刻麻叶云相连。

至于门楼重檐下的斗栱，虽然排布很密，却要朴素很多，横栱抹斜，但并不用短栱，也并无复杂雕饰。唯独角科，角昂之外添加了抹角方向的斜栱，昂嘴修长上翘，远远地呼应着阳曲辛庄开化寺前殿的木匠手法。我们还没有足够的素材考证门楼的斗栱是不是成化年间的作品，却已经能够体会它与抱厦和献亭斗栱做法的差异。

跳过简朴的正殿，寝殿的斗栱则带有更加古朴的味道，也更加耐人寻味。

寝殿三间，每间当心用平身科一攒，因此斗栱布置得非常疏朗（图5-1-11）。斗栱朴素的样子则与山门门楼相似，装饰得比较克制。不同之处也很有趣，是栌斗上采用了短栱，短栱外跳小斗上插三福云花板（图5-1-12），算上蚂蚱头和撑头木出头的做法，反而与献亭和门楼抱厦的样式更加接近（图5-1-13）。不知咸丰时期的修缮算不算致敬这里古朴的设计，在没有将测量深化到数据分析程度之前，一切也只是揣测。

图 5-1-12
徐沟城隍庙寝殿
斗栱正面细部
刘天浩摄

图 5-1-13
徐沟城隍庙寝殿
斗栱侧面细部
刘天浩摄

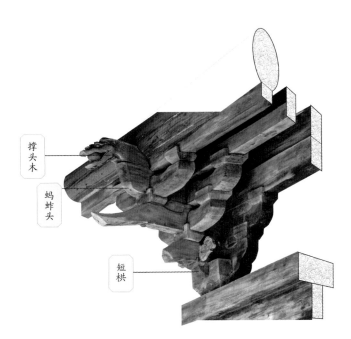

撑头木

蚂蚱头

短栱

# 2

# 深藏的短栱
## 帝尧殿

| 帝尧殿 | | | 清徐县 |
|---|---|---|---|
| 指征建造年代 | 元至正年间重修<br>明代重修[6] | 指征建造行为 | 重建 / 重修 |
| 现存碑刻数量 | 断碑 2/ 掩埋情况不详 | 现存题记数量 | 0/ 覆盖情况不详 |
| 等级规模 | 民间 | 指征匠作信息 | 无 |
| 特殊设计 | ◆ 重檐方殿<br>◆ 殿内通设藻井 | 特殊构造 | ◆ 上檐栌斗不在柱缝上<br>◆ 内槽斗栱的一跳华栱和<br>泥道栱之下用短栱 |

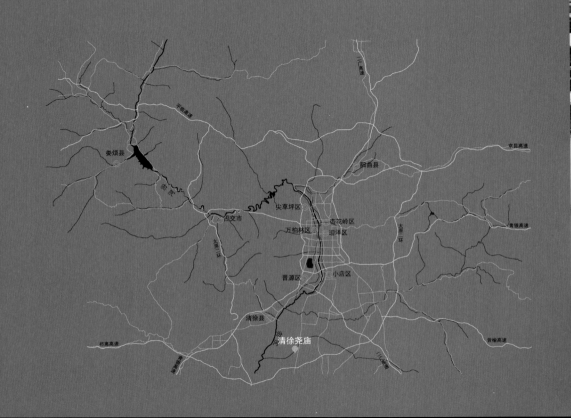

"旧是陶唐治历城，今无遗迹只留名。因经世远壕池满，为历年深雉堞平。但听蛩螀悲夜月，惟闻禾黍起秋声。乡人尚感遗风厚，犹建荒祠献酒羹。"乡志中这首咏怀的诗文描绘着已被光阴磨平的陶唐古迹。

即便磨平，人们仍然愿意相信，当年唐尧带领部族徙至晋阳、立国建都、参星制历的地方就是今天的清徐尧城。沧海桑田，光绪《清源乡志》图考中的尧城仍是一座规模完整的城堡集镇——方正的夯土城垣上设有城门四座，笔直的主街穿梭而过，城内的水井和神庙布列有序——尧庙便仅靠北城门的西侧（图5-2-01）。而今，图中的格局已经模糊不清，所幸北城门的残垣尚能标示出尧城的北界，被称为"荒祠"的尧庙也得到保护和修缮（图5-2-02）。

图 5-2-01
《清源乡志》"陶唐古迹"
图考

[右页图]
图 5-2-02
清徐尧庙鸟瞰
迟雅元摄

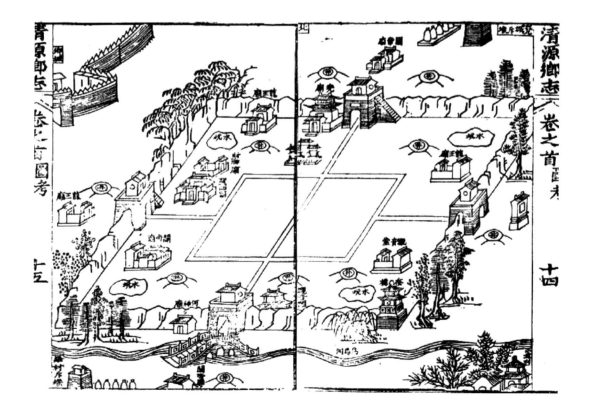

## 重檐方殿

　　重檐、峻挺、秀美是帝尧殿扑面而来的第一眼印象（图5-2-03）。细看之下，大殿规模不大且物料欠盈。或可猜想，自发建祠的乡人们曾在殿宇所需的规格和等级，建设所需的人力、物力和财力上找寻过最佳的平衡点。考量之下，若重檐为首选，则副阶五间通常是所需的较低配置。五间即定，还能以减小间广的方式来控制建造成本（图5-2-04）。

图 5-2-03
清徐帝尧殿近景
迟雅元摄

图 5-2-04
清徐帝尧殿正立面
赵寿堂、迟雅元绘

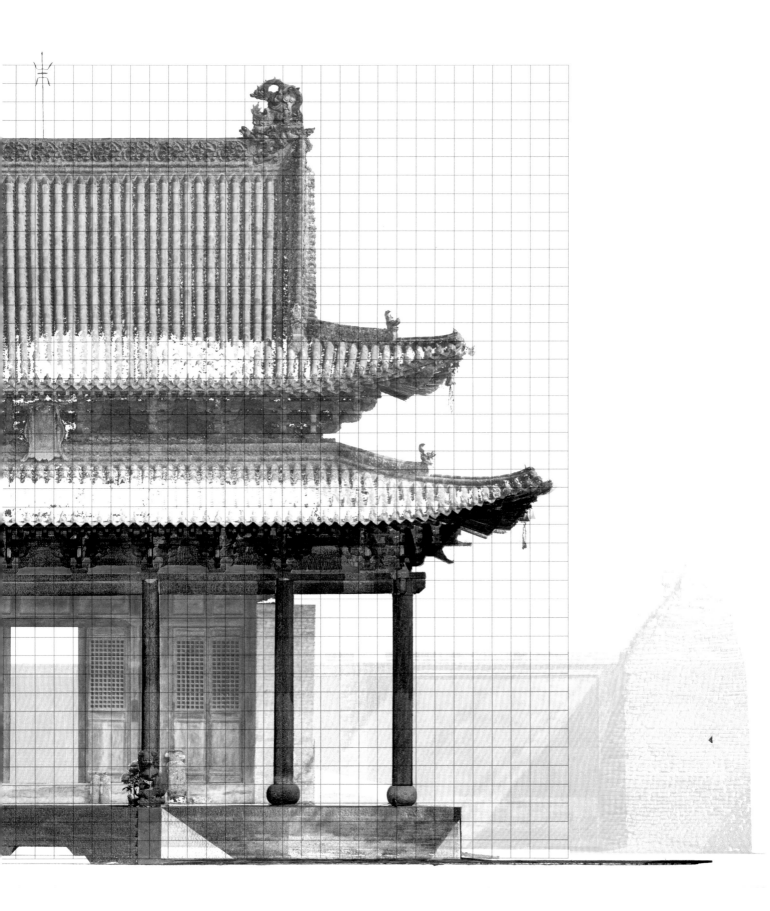

　　面阔五间、重檐、周围廊、殿身之内通设正方形藻井的设计一旦确定，正方形的建筑平面也自然而成了（图5-2-05）。虽然面阔和进深尺寸相同，但殿身部分还是设计成面阔三间、进深两间，省去了两根柱子。

## 无梁的假象

　　殿内正方形藻井的存在是人们津津乐道的"无梁殿"之说的由来。其实，无梁只是个假象，不过是用一圈略高于副阶斗栱的里槽斗栱垒叠成满铺的藻井来遮住殿身的梁架罢了（图5-2-06）。

　　尽管只是假象，藻井的设计仍值得细细品读。整个藻井分为上中下三层，下层和中层为方井，上层为八角井。其中，下层方井实为大木作的一部分，方井底边之广与明、次三间的面阔相同；斗栱用材与外檐斗栱一致，里转出六跳，出跳总长与次间间广相同，收口处边长恰为明间间广（图5-2-07）。

图 5-2-05
清徐帝尧殿平面仰视
赵寿堂绘

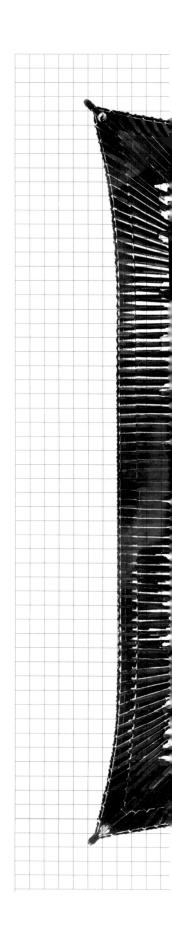

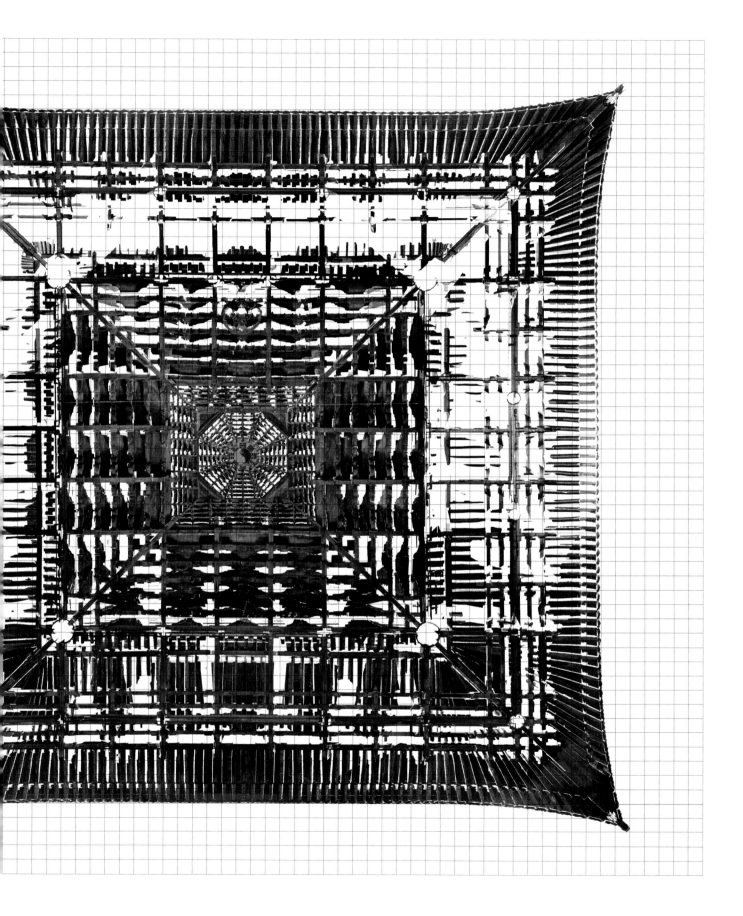

图 5-2-06
清徐帝尧殿剖面
赵寿堂绘
线稿图来自《清徐尧庙
尧王殿勘察报告》

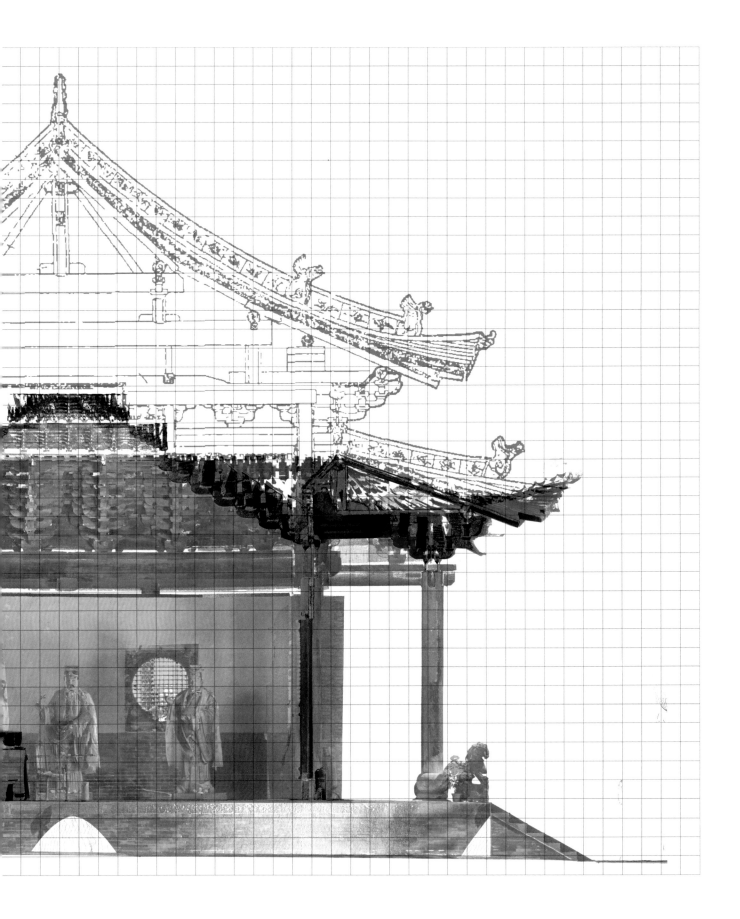

## 深藏的短栱

　　帝尧殿的短栱并不像本章前几个案例那样显而易见，而是深藏在大殿的内槽斗栱之中——藻井下层方井的第一跳华栱之下（图5-2-08）。

　　将短栱做法藏在这里，显然并不是炫技（本也不算什么高妙的技术），也不是凸显某种风尚的需要，或许只是匠人对已熟知的常规设计方法的选用——既可能为了补充一跳华栱出跳较大的结构安全之需，也可能与调整藻井或内外檐斗栱的构造高度相关。

　　出跳方向的短栱雕琢细腻，与之正交的泥道处短栱朴素无华，用功之多寡与所需的视觉效果相匹配，可见匠人不做无用之功。

[左页图]
图 5-2-07
清徐帝尧殿室内藻井
赵寿堂摄

图 5-2-08
清徐帝尧殿短栱
赵寿堂摄

## 特殊的设计

帝尧殿中的架构和细部皆有特殊设计之处。

其一，大殿的上檐斗栱层。这一圈斗栱的栌斗并不落在殿身的柱缝上，而是向外偏移了一段距离（图5-2-09），使得上檐斗栱在铺作数和出跳值不大于下檐斗栱的情况下，也能够形成较好的上下檐收分比例。

其二，与斗栱不对位的山面檐柱。山面中间三根檐柱并不像主立面般与斗栱对位，而是柱距均等（图5-2-10）。

其三，同类构件的不同形制。华头子主要有分瓣和不分瓣两种形制，昂尖主要有上皮起棱和弧面两种形制，耍头主要有蚂蚱头与麻叶云形两种形制（图5-2-11）。

比起外移的斗栱层和不对位的檐柱，斗栱构件上共存的细节差异颇耐人品味。这些差异会是不同历史时期修缮的叠加印记吧！那些"短小前瓣的分瓣华头子""上皮弧面圆润的昂尖""下腮切面内凹的耍头"，与在吕梁地区常见的类似做法有什么关联呢？若再勾连起短栱做法，这些特殊设计究竟是彼地的匠人在此营生的结果，还是地域审美风尚的逐渐扩散呢？

图 5-2-09
清徐帝尧殿上檐斗栱
赵寿堂摄

图 5-2-10
清徐帝尧殿错位的
山面檐柱
迟雅元摄

图 5-2-11
清徐帝尧殿斗栱之华
头子、昂尖和耍头
赵寿堂摄

# 3

# 短栱的足迹
## 三教寺

| 三教寺 | | 娄烦县 | |
|---|---|---|---|
| **指征建造年代** | 隋大业年间<br>宋元祐年间、金天会年间、清康熙年间、清乾隆五十六年（1791）<br>1958 年、1996 年 | **指征建造行为** | 创建 / 重修 / 搬迁 |
| **现存碑刻数量** | 1/ 掩埋情况不详 | **现存题记数量** | 2/ 覆盖情况不详 |
| **等级规模** | 民间 | **指征匠作信息** | 1 人，木工刘克秉 |
| **特殊设计** | ◆ 平身科形制富于变化<br>◆ 三攒莲花斗栱 | **特殊构造** | ◆ 明间三攒平身科"相犯"<br>◆ 替木式短栱 |

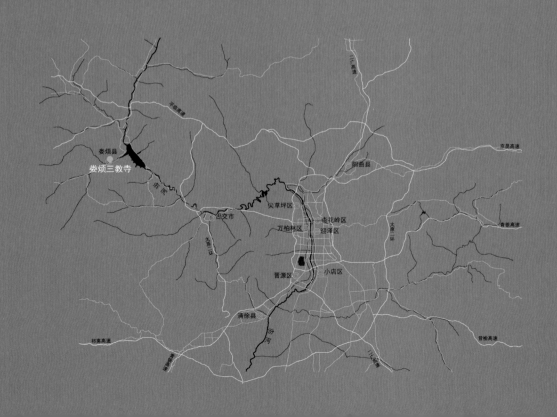

从太原向娄烦奔波，怀揣着一个预设，就是太原做法对娄烦的影响，而不是娄烦做法对于太原地区的贡献。不经意间发现的娄烦保存着替木式短栱的案例，或许是一种擦着太原边缘匠作传承的历史故事。娄烦三教寺坐落于娄烦镇南山公路旁，掩映于娄烦森林公园中。同永乐宫一样，三教寺也是因修建水库而搬迁至此的，它曾经所在的旧娄烦村，现已沉没在汾河水库之下了。

## 三教风云

在讨论木匠和木构之前，说说什么人雇佣了木匠，又可能会有怎样的设计指导思想，也是不错的话题。自古以来，儒、释、道三家始终是宗教信仰和精神寄托的存在，虽趣舍万殊，却共存于三教寺一檐之下。而不同时代里，三教寺的当家人或来自于三教中的不同背景，他们所勾勒的寺容寺貌，或与脑海中昔日修行院落和殿宇的造型存在某种联系。无论有还是没有，我们都去寻找些鸿爪泥痕，留备未来揣摩好了。只是那些伴随着寺院营建、三教此消彼长的历史故事，从寺名变化中仍可见一斑：

有关娄烦三教寺最早的说法源于清乾隆五十六年（1791）《重修熙贞观碑记》："其说起于后周，像塑孔氏、佛氏、柱下史李氏，取其神道设教之义。隋大业中置娄烦郡，郡治左设三教寺。"[7] 对此，学者们有五代后周、南北朝时期北周的不同观点。[8] 如果确实能够追溯至北周，那么隋唐时期佛教几度兴旺发展，加之娄烦成为替皇帝饲养军马的"监牧地"，并设置宪州，如此，一定能够使三教寺步入一个鼎盛的阶段。但是对于营建史而言，这种从猿人说起的故事只是个引发联想的线索而已。

第一个能够因此带来的联想是北周武帝的"初断佛道二教"。不几年后，娄烦所在的北齐之地便归周所有，三教中的两教想必都受到了很大冲击。唐武宗和后周世宗的灭佛之举下，是不是当年机智的娄烦人民将佛像藏于儒、道之间，才躲过一劫呢？是不是庙宇因此改换了几次门庭呢？

之后，宋元祐年间三教寺得到重修，由一位林姓道人将之改名为熙贞观，三教寺自此进入黄老之学掌门的年代。以至于我们在查阅明《永乐大典》（编修于 1403—1408 年）中的文字"熙贞观，在本县南七十五里，娄烦城内东街北"[9]，以及三四百年后的清康熙三十九年（1700）版《静乐县志》和清乾隆年间《重修熙贞观碑记》中的文字时，只见"熙真观"，而不提"三教寺"了。寺中又住进了比丘的年代则是乾隆五十六年（1791）的契机，至此，恢复了三教寺的门额，并持续到了今天。

## 营造身世和匠人谜语

至于建筑的往事，碑文中也有简要的记载：隋大业年间始建，唐朝时扩大规模，宋元祐年间重修，金天会年间（1123—1137）又重修，到了元代再次兴工，然后是明朝重修。入清的记载详细些，说到了清代康熙年间和乾隆二年（1737 年，原碑作"雍正丁巳年"，实误）补葺，乾隆五十六年（1791）大修。其中要点归纳如下。

1. 元代，"有木工刘克秉来自右北平，始建山门，夜叉探海，檩而不栋"。这次建造的大概率是一座用檩成双、卷棚屋顶的门楼。尽管今天的山门完全没有了原来的样子，但是我们至少可以期待未来在别的地方再次看到右北平郡刘克秉的大名。

2. 明代修缮两次，而实物中的证据则更为确凿，是大殿拆解下来的斗栱构件上"大明嘉靖二十二年皇帝万岁"的题记[10]。

3. 清康熙和乾隆初年的工程项目不详。到了乾隆末年的工程中，"正殿、前殿、忠惠王庙、鼓楼、钟楼、招提刹门与廊庑礼室，而木工造作，金妆彩画"，由此格局完整、庙貌庄严了。

让我们顺着碑文追溯近现代寺史。1958 年，为修建汾河水库，汾、涧两河相汇之阳的旧娄烦村被划为淹没区，三教寺被原样搬迁，在之后的 40 年中被当作人民公社大礼堂使用，诸多建筑装饰也在此期间遭到破坏。1996 年，三教寺因年久失修而致后墙倒塌，前庭倾斜，遂根据设计复原图纸进行二次搬迁，重建于新址，形成了今日坐南朝北之格局。

动荡的岁月让殿宇倒塌，倒塌的殿宇暴露出隐蔽的构造，隐蔽之处也显示了古人的谜语。据当地老人讲，大殿木料上可见古建筑师的留言："若后人拆建重修，胜我者斗栱缺一，次我者多一。"

这真是一条妙趣横生的"谜语"，而且就我们所知，这种谜语至少在其他两处著名古建筑上出现过。一处是今天山西芮城的永乐宫。故宫博物院的赵仲华先生曾经亲口讲述，1959 年至 1964 年，永乐宫在搬迁工程中，他读到了一行"胜我者添木三根，不胜我者剩木大半"的题记。另一处是距离三教寺不远的太原阳曲大王庙大殿。当地的老人向我讲了类似的见闻，只是难以说出准确文字了。

## 短栱暗号

无论"斗栱缺一"还是"多一"，今天大殿的斗栱确实是不简单的作品。

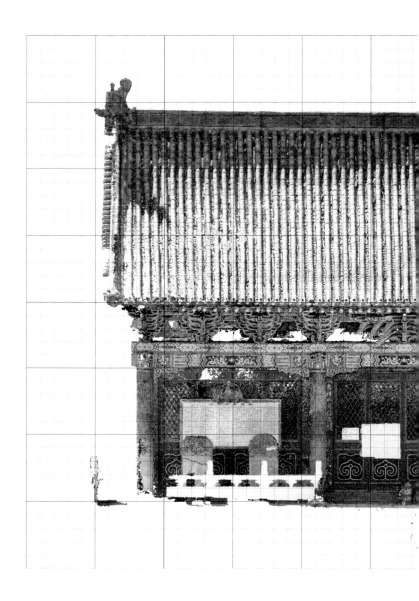

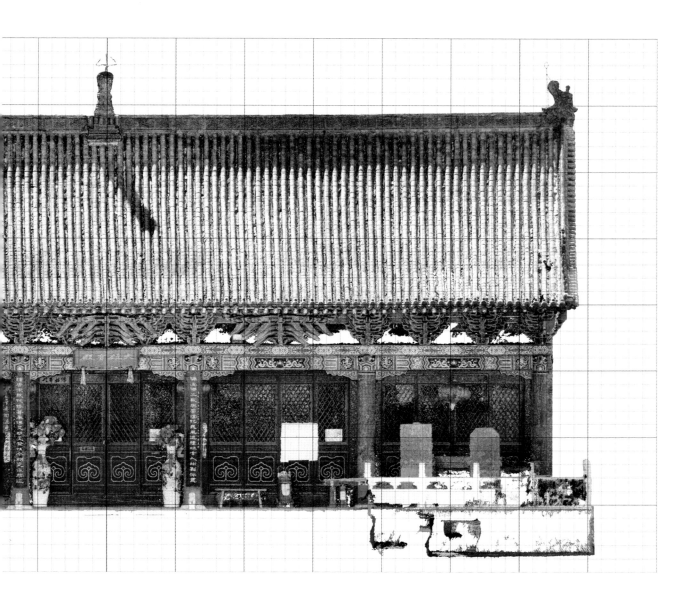

图 5-3-01
娄烦三教寺大殿
立面点云图
迟雅元绘

历经多次重修、两次搬迁重建的三教寺，保留下来的特征依然给我们留下了很大的品读空间。

三教寺大雄宝殿的规制在民间已算不低：五开间，悬山顶，七踩三昂斗栱（图5-3-01）。平身科的形式较为多样，明间用三攒，当心一攒是向两侧伸出斜栱的莲花斗栱。次间仅用一攒莲花斗栱。尽间的两攒平身科斗栱形制与柱头科无异，作为殿身两端简洁明快的收束（图5-3-02）。就算是最为收敛的柱头科，也是坐斗上施短栱，加花板，出跳上各横栱抹斜，厢栱与瓜栱同长——都是官式斗栱中不用的手法（图5-3-03）。

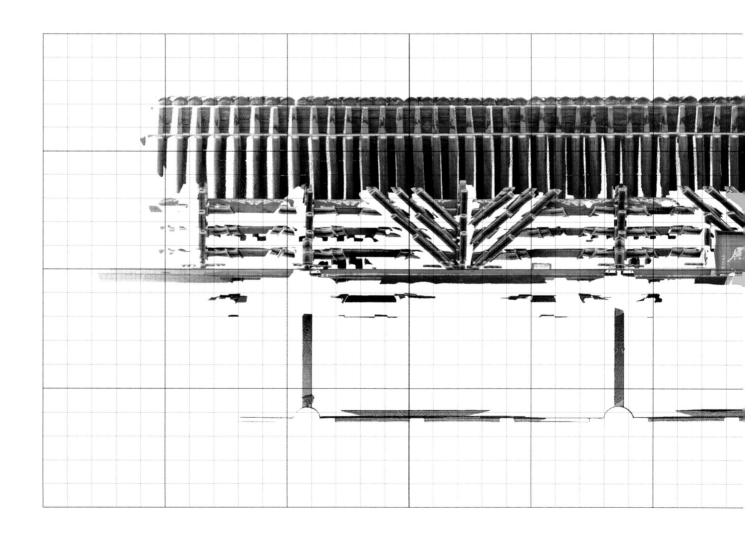

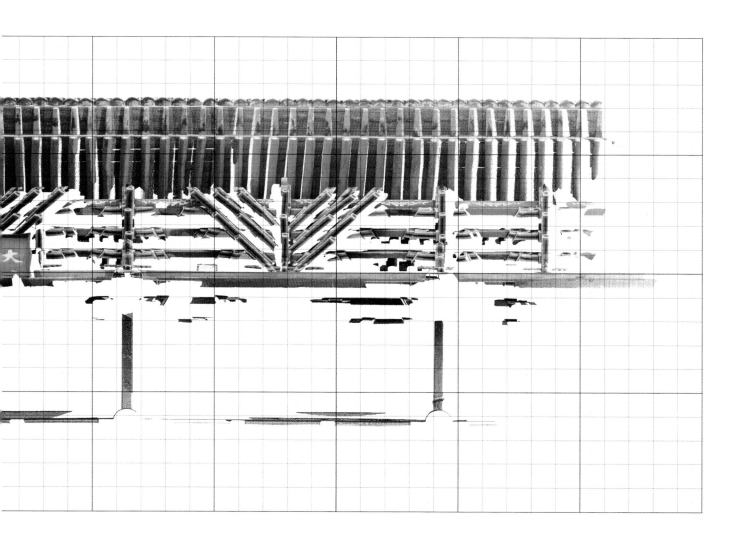

图 5-3-02
娄烦三教寺大殿明间
与次间斗栱仰视平面
点云图
迟雅元绘

不论是密集的斜栱、抹斜的横栱，还是扁薄的昂嘴、深弯的昂背曲线，三教寺大殿的斗栱处处透露着暗中与官式审美完全不同的野趣，那种对于华丽、热闹的追求，更集中地体现在"夸张装饰"的"莲花斗栱"之上（图5-4-04）：建造者们似乎并不考虑工料之费，"莲花斗栱"在明间、次间一用就是3个；明间的做法最为隆重，当中一攒的斜栱其实是挤在正出的两攒平身科中间，甚至不惜令其三者"相犯"；被"半遮面"的这两攒正出斗栱，依然不甘于人后，即使被莲花斗栱挡住，也要在坐斗造型上宣示一下存在感（图5-3-05）。柱头科和最边上的尽间平身科算是规矩，和明三间张扬的斜栱放在一起，反显得变化更多。

丰富的雕刻也注释了百姓的好尚：明间平身科正出斗栱的坐斗雕刻成莲叶状，短栱之上承花板，斜蚂蚱头雕为龙头，穿插枋出头雕刻云纹，等等，还有在搬迁过程中失去了的装饰细节。

短栱在这番热闹中并不显眼，但它也有自己的小心机：华栱下的短栱呈蝉肚式，瓜栱下却做成了栱瓣式（图5-3-06）。三教寺的短栱像是匠人们留在每攒斗栱下面的一个暗号，它的同伴或在汾河中下游的徐沟、汾阳，或隐匿于更远的地方，等待着后世不厌奔波的"收集者们"将这些"暗号"连缀成匠作的破解码。

图5-3-03
娄烦三教寺大殿柱头
科斗栱立面点云图
迟雅元绘

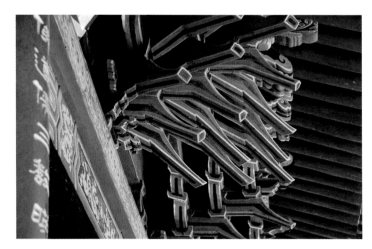

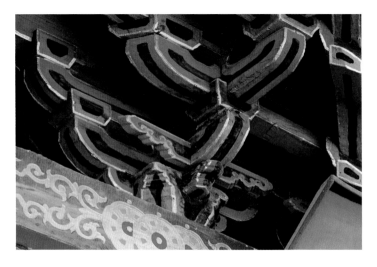

图 5-4-04
娄烦三教寺大殿
莲花斗栱
迟雅元摄

图 5-3-05
娄烦三教寺大殿
明间三攒平身科
"相犯"
迟雅元摄

图 5-3-06
娄烦三教寺大殿
坐斗之上短栱的
不同造型
迟雅元摄

# 4

# 短栱的高峰
## 永祚寺

| 永祚寺 | | | 太原市 |
|---|---|---|---|
| **指征建造年代** | 明万历二十五年（1597）<br>明万历三十六年至四十年<br>（1608—1612） | **指征建造行为** | 创建 / 加建 |
| **现存碑刻数量** | 县志记载 5，营建碑记 1/<br>掩埋情况不详 | **现存题记数量** | 0/ 覆盖情况不详 |
| **等级规模** | 官方，皇家敕建 | **指征匠作信息** | 妙峰法师 |
| **特殊设计** | ◆ 无梁殿、砖塔仿木构 | **特殊构造** | ◆ 替木式短栱的使用<br>◆ 当心位置斗栱斜栱的使用<br>◆ 斜栱与两边平身科故意相犯的设计 |

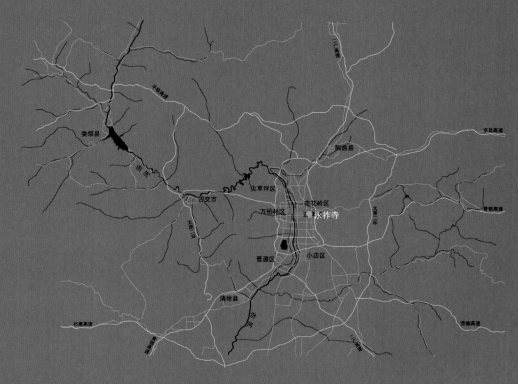
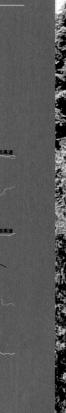

要说清太原地区木结构古建筑中带有短栱的实例，并讨论这种做法的重要性，便难以回避它们对于砖石建筑的影响。在此中间，便不能不好好论述一番太原永祚寺各建筑的建造，它们的设计师，以及这位建筑师营造过的那些带有"短栱指纹"的案例及其分布。

## 从老照片开始

永祚寺初名永明寺，位于太原市郝庄镇，顺地势坐南朝北。寺内双塔耸立，极具标识性。在过去楼房稀少的岁月里，它绝对展示出坐镇一方的气势(图5-4-01)。今天的寺前广场和周边环境得到了大力整治，桥栏水面隔开了繁忙的都市，衬托着高耸的双塔。寺前山门与广场有5米多的高差，保持了多年前造访时的面貌，宽广的石阶引导着人们从北边进入，直指寺门。

寺庙自明万历二十五年（1597）初成规模，继而于万历三十六年（1608）续建，到了万历四十年（1612）面貌大备并更今名。现存主要建筑为明代建筑。寺庙分为下院（寺院）、碑廊、上院（塔院）三部分，

图 5-4-01
20 世纪 30 年代
永祚寺塔旧照
梁思成摄

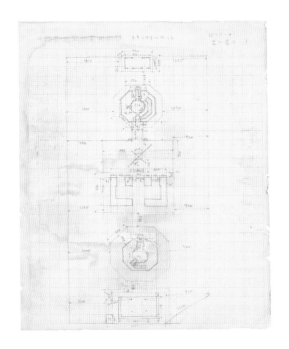

地势由低到高。上院位于下院东南，两院轴线约成 45 度夹角。新建的碑廊曲折爬升，消化了场地内的高差，将寺院和塔院连接起来。下院的三进院落——由北向南依次是新建的山门及东西厢、牡丹园、正殿院，其中唯有第三进院子成于明代。上院地坪比下院再抬高约 5 米，沿轴线由西北向东南依次是舍利塔（西塔或称北塔）、过殿、文峰塔（东塔或称南塔）、后殿，塔为明构，殿为清代添建。东塔建于明万历二十五年至二十七年（1597—1599），西塔建于明万历三十六年至四十年（1608—1612）。双塔高度相近，约 55 米；形制相似，均为八角形十三层楼阁式仿木构砖塔。

　　1936 年，梁思成先生考察永祚寺的时候曾经画下一张上院测绘图（图 5-4-02），并留下了一段笔记（图 5-4-03），整理如下。

永祚寺（太原）北塔 多宝佛塔　25 年 11 月 4 日

成记

平面八角形，最下层基用砖砌阶级形。南面北面各开小券门。北门引入头层内槽。南门向右转的 spiral stairway（旋转楼梯，作者注）往上行。内槽各正面有佛龛。

塔全高 13 层，全部用砖砌。各层斗栱。第一层普拍枋额枋之下做"横披形"物，每角有垂柱，有卷草形雀替。横披之内用三朵荷叶墩垫起。每面用铺作补间三朵，出两跳。第一跳华栱下用小替木，各瓜子栱及慢栱之下亦用替木，耍头出头作（原文绘麻叶云，作者注）形。角科第二跳加华栱一缝，上面亦加一耍头。挑檐桁上叠混两层然后出方椽头两层。椽及望板连檐皆自一砖刻出，各层檐用琉璃瓦边。瓦是两筒两板合成一块。边以上只是阶级形砌方砖。角用板一块以代角梁。角脊不用兽而用卷叶形。内部各层地板已坏，可以仰视至顶。

每层平座均用 cyma reversa（向外叠涩的线脚，作者注）。第一层用砖砌栏杆，颇为精美。

过殿，三间，砖砌窑。卷棚歇山顶。东北面及两山用斗栱。前面斗栱，中三间之外，又加"尽间"（？）（原文如此，作者注）

各"柱"地位有垂柱。两次间斗栱与券中心不 center（居中，作者注）。前两角翘起，后两角不翘。

南塔外表与北塔大致相同，但向上收分较小，不如北塔清秀。平面八角形，由西北面先入内槽，再自东阶开门至梯道。砖质颇劣，风蚀酥甚。塔向西北偏，一面之长，settle（收分，作者注）约一砖之厚。檐无琉璃瓦。

两塔顶皆用复曲线，如文渊阁碑亭之顶。塔顶用三葫芦，下一铁，上两钩。

## 细品建筑

梁思成先生注意到"第一跳华栱下用小替木，各瓜子栱及慢栱之下亦用替木"，正是本章所关注之短栱。寺院之内，不仅双塔，可以上溯到明代的其他建筑——正殿及其配殿等建筑均用此法。

先说正殿。碑文记载正殿建于明万历三十六年至四十年（1608—1612）间，全为砖砌、砖雕，无木构梁柱，因而又称"无梁殿"。殿高两层，呈下殿上阁样式（图 5-4-04）。下层的大雄宝殿面阔五间，广

图 5-4-04
永祚寺下院正殿
院落外景
赵寿堂摄

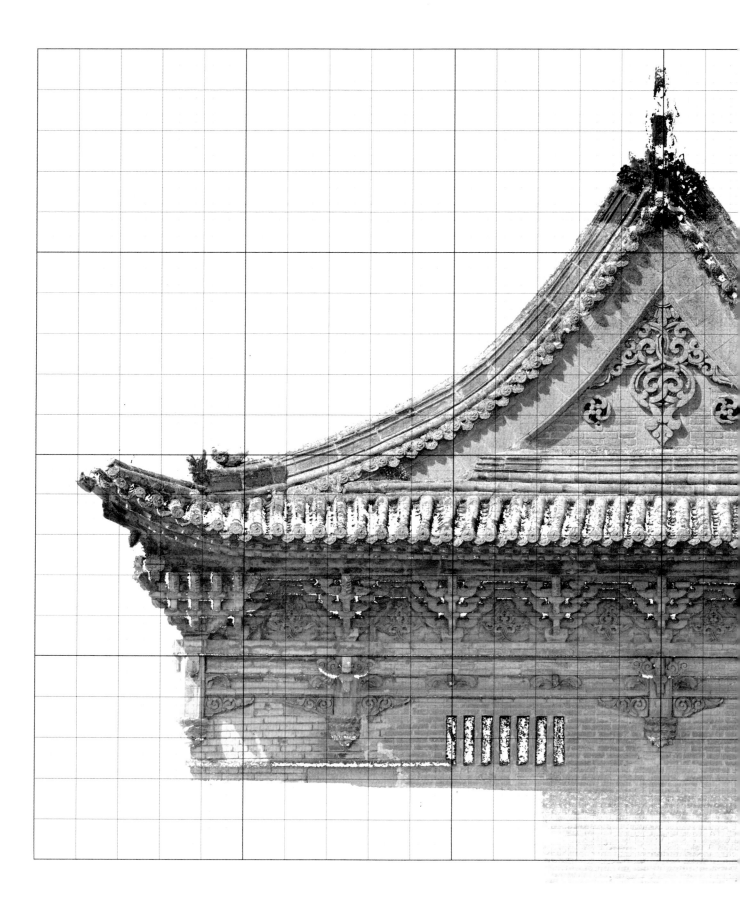

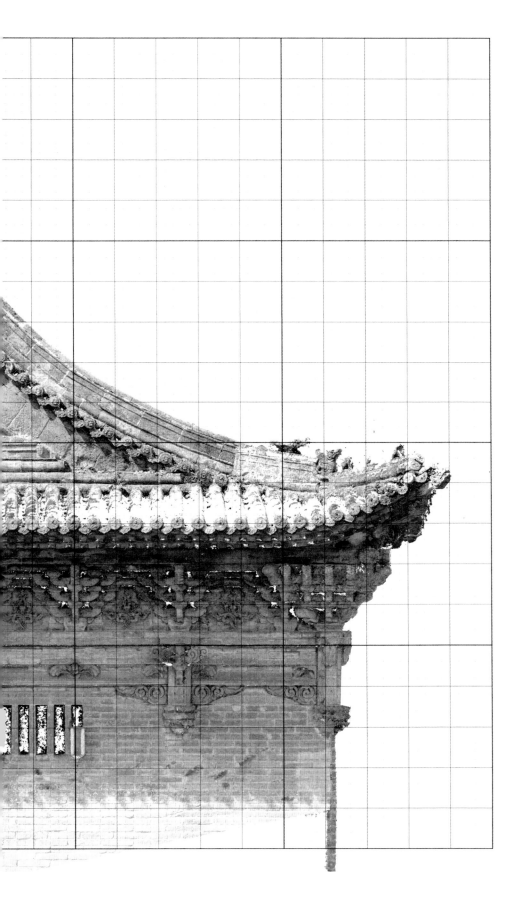

图 5-4-05
永祚寺下院正殿山面
上层局部立面图
迟淮元绘

19.35 米，深 11.3 米，采用十字交叉栱顶的结构设计来实现立面的开间韵律和内部贯通的空间效果。立面各间以仿木的圆形砖柱来划分，各间宽度较窄，比例与欧式建筑相近。柱与墙、柱与枋、枋与斗栱、斗栱与屋檐等构造极力模仿木构逻辑，达到非常逼真的程度（图 5-4-05）。短栱处的做法更是如此（图 5-4-06）。殿内供奉三世佛，佛像由铜、铁铸造。上层的三圣阁（原为观音阁）面阔三间，广 16.75 米，深 9.70 米，结构设计与大雄宝殿相似。阁与殿的立面砖柱并未进行对位设计。阁的各间宽度较大，比例适中。特别在上下两侧的明间和边间，斗栱分布和斜栱的使用"相闪配置"，几乎达到与同类木结构做法别无二致的造型（图 5-4-07），当然也包括木作栱头上花板略微向外倾斜的做法（图 5-4-08）。阁内藻井采用帆栱式结构，细部做法仍追求木构逻辑，层层内收，由方形过渡到八角形再到圆形，砖雕精美，独具匠心。阁内原

有造像已不存，现供奉的观音、文殊、普陀三尊塑像均由紫竹林寺迁来。

　　配殿依然使用短栱。抵近观察，可以更加清晰地看出瓜栱和翘头下短栱尽端装饰纹样的差异，也能看出匠人为了用砖砌的手法模仿木构而做出的层次设计（图5-4-09）。

　　再看双塔，西塔塔身较东塔收分明显，塔刹形制亦有所不同。双塔均采用了内外双筒的空心结构。双筒之间盘旋登塔楼梯，每层于塔心处叠涩出楼面，楼梯与楼面增加了结构的整体稳定性。目前，仅西塔可以登临参观。塔内昏暗，楼梯狭窄、陡峭，每爬四分之一周长可

[左图]
图5-4-07
永祚寺下院正殿明间斗栱与娄烦三教寺大殿明间斗栱点云和影像对比图
迟雅元绘

[右上图]
图5-4-08
永祚寺下院正殿斗栱花板细部
迟雅元摄

[右下图]
图5-4-09
永祚寺下院配殿斗栱细节
迟雅元摄

图 5-4-10
永祚寺上院西塔
二三层立面图
近雅光绘

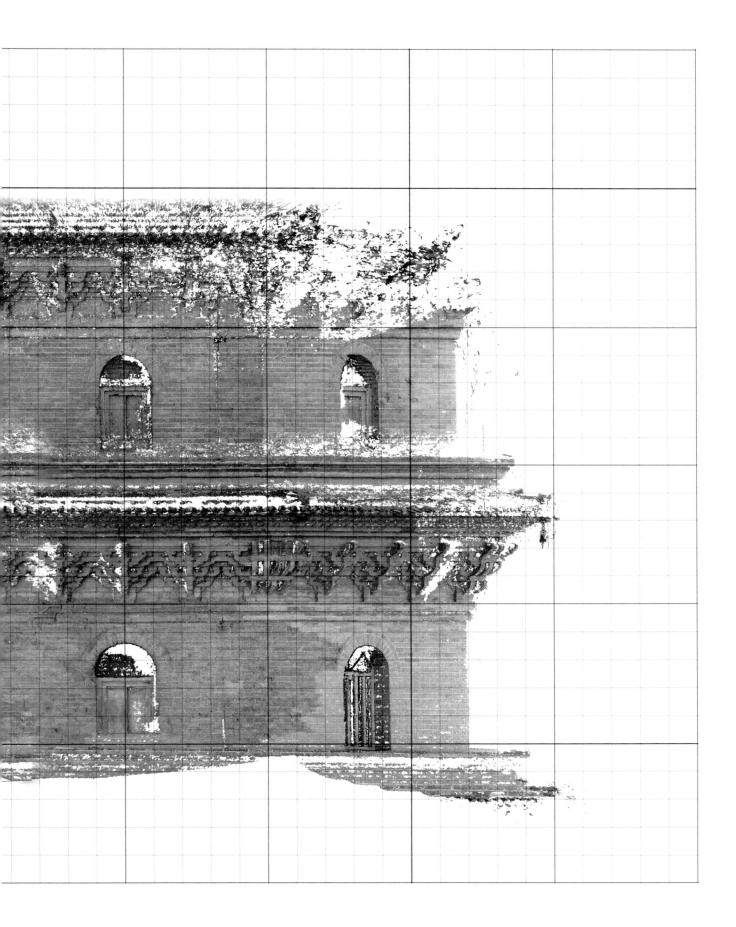

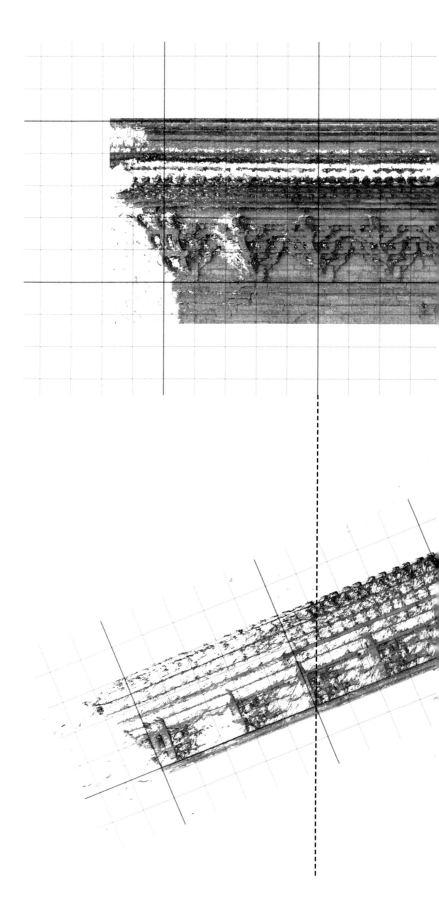

图 5-4-11
永祚寺上院西塔二层
斗栱立面和仰视平面
点云图
迟雅元绘

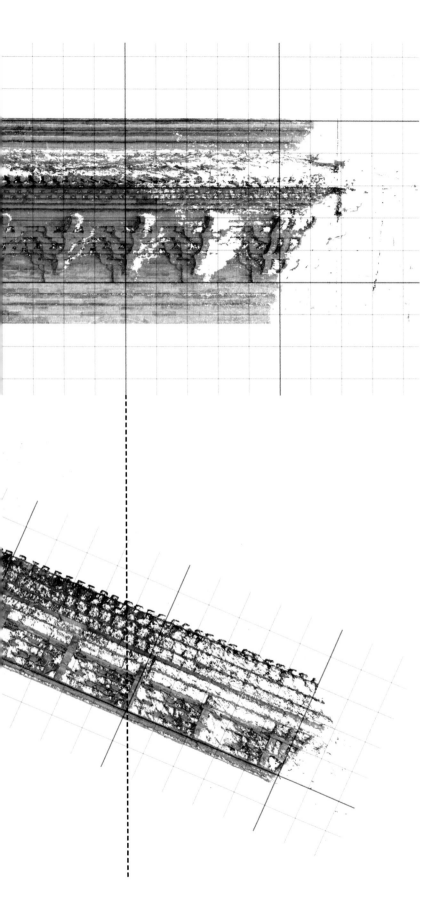

登塔一层。每层设置过塔心的十字券洞，并与外立面券洞贯通，游客可于券洞处眺望或俯瞰周边景观。而栌斗上短栱的设计则在较高的楼层上做出了一些简化处理——保留了翘头下的短栱，而省略了正心瓜栱下的短栱（图 5-4-10，图 5-4-11）。

# 探究建筑师

明万历二十五年（1597）东塔建成，那时候负责工程的是傅山的祖父傅霖（1533—1602），但他或许并不是负责工程的建筑师。从万历三十六年（1608）起主持续修永明寺（后改名永祚寺）工程的人也大名鼎鼎，且具体负责营造，他就是妙峰和尚。当时年近古稀的妙峰，已是名满天下的建筑大师了。他的名气不仅源自他的建筑才能，也得益于当朝太后对他的赏识。这无疑是妙峰坚守信念、常年学习的结果。

妙峰的俗名是续福登（另一说姓徐[11]），他常被唤作"福登和尚"，明嘉靖十九年（1540）生人。他 7 岁那年，双亲去世，无暇自顾的他只得将双亲用草席裹尸；长到 12 岁，入得佛家之门，却因一副怪异相貌，被临汾寺僧们欺负；18 岁的他，只身逃到蒲坂（今运城永济市），过着沿街乞讨的生活。他绝不会想到，像他这样一个卑微的人物，日后竟会与当朝太后结缘。

妙峰早年的遭遇并没有磨灭他内心的良善，而且他被蒲坂万固寺收留的经历也为后来的命运转机埋下了伏笔。出自自身的天赋和努力，加之蒲郡山阴王朱俊栅的关照鞭策，再加之他在 21 岁那年晋南大地震中毫发无损的运气，妙峰的生活终于稳定了下来。到了 27 岁，他不但得以自立，而且可以出游礼佛。历经磨难，妙峰终于通晓佛法，还在南京结识了好友德清——也就是被后世称作明末四大高僧之一的憨山大师。

作为一位熟稔孝道的和尚，早年父母不得安葬的事实始终令妙峰难以释怀。于是在双亲去世的 28 年后，他终将二老重新安葬在蒲郡的山中。或许这份孝心也感染了此后和他共赴五台山的憨山。在五台山北台冰雪覆盖的二三椽破屋之下，生活潦倒的憨山与妙峰竟萌生了刺血书《华严经》，并筹备无遮大会的宏愿，以报双亲的生养之恩。

那个值得纪念的年份是明万历九年（1581）。当年恰逢太后派官员前往五台山访道，希望护佑万历皇帝康健，以求皇储。无遮大会筹备已成，太后使者也见到了二人。高僧的孝遇见了太后的慈。经过一番交流，二人慨然应允，将无遮大会同时也办成求嗣大会。

从万历九年十一月开始，直到第二年三月，长达120天，无遮大会名震五台。周边八省慕名前来者络绎不绝。每一次布施，均有千余人受到救济。万历皇帝也在这一年成功诞下皇嗣，令太后大为满意。高僧所种之善因，终于结出了善果。

憨山与妙峰事后有意隐遁，前者向东去了崂山，后者向西居于芦芽山，这一别后二人便不曾再会。但上门还愿的太后还是成功找到了妙峰，并给予他丰厚的赏赐，也令他从此开始了建筑师的生涯。既然命运不让他就此归隐，那么不如走出山门，济世扬佛。

走上建筑之路后，妙峰主持了芦芽山华严寺（现不存）、蒲坂万固寺（今永济万固寺，尚存）、台怀永明寺（今台怀镇显通寺，尚存）等大型寺庙建筑工程，铸造了峨眉山、宝华山、五台山三大铜殿，并主持建造了三原渭河大桥、宣化黄河大桥、崞县滹沱河大桥（大多不存）等多项利于民生的桥梁工程。山西、陕西、河北，甚至四川与江苏苏州，都留下了他的建设足迹。

到了明万历三十六年（1608），面对晋王扩建太原永明寺的邀请，妙峰不顾自己高龄，欣然前来勘查。他发现此时的文峰塔已经开始倾斜。如若此塔倒塌，不仅寺院将失了风水塔，太原山川形胜也将为之大损。于是妙峰提议，在文峰塔西北重修一座佛塔，以备东塔倒塌的不时之需。与东塔不同，西塔下设舍利，是名副其实的佛塔，兼具风水之用。与此同时，他对整个寺院也提出了一个宏伟的扩建计划，意在将其改造成一个大型寺院，并将其更名为永祚寺。这一工程自然也得到了太后的支持，她特意降旨将东西二塔共同赐名为"宣文"。

　　然而，万历四十年（1612），佛寺工程尚未竣工，妙峰便走到了他生命的尽头。在最后的几个月中，他回到台怀永明寺（显通寺），安顿了道场上下，遣散了平日照顾他的寺僧们，在腊月十九日卯时溘然长逝。

　　显通寺西立有妙峰的墓塔，其上有一匾额，书有"敕封妙峰真正佛子"。旁边的妙峰大师行实碑上，记载着他的生平，但是其中对他悲惨的早年经历，却美化为"平阳府临汾徐氏之巨族……父母知其善，于十二岁送至蒲州万固寺"[12]。这样的记录也许寄托了作者的心愿，希望让这位高僧的身世更显圆满。

　　妙峰逝后，万历皇帝和太后仍然支持完成了包括永祚寺在内的几处妙峰未竟之工程。东塔终究也并未倒塌，并且一直存留至今，为后世四百余年留下了"双塔凌霄"的太原奇观。

　　永祚寺中与双塔一同留下来的，还有妙峰主持建造的一众无梁殿。纵观妙峰大师一生所主持的工程，我们可以发现，在他的作品中，最常见的木构建筑却并非主流。无论砖塔、无梁殿，抑或桥梁，都属砖石类建筑，另外也有铜殿、石窟[13]这样的作品。这一方面反映了砖石、金属等工艺在明代的长足发展，另一方面或许能成为我们追溯一些建筑特征的线索。

## 回到建筑

　　短栱当然不是妙峰的发明，但是我们今天回顾他毕生的建筑作品，却能明显看出短栱细部真是如同妙峰的标签一样出现在所有案例中。

　　明代随着制砖和砌筑水平的进步，无梁殿的建造得到了很好的发展。有学者对妙峰大师的现存作品与现存无梁殿作了较为详细的统计，[14]从中可以知道，现存官造无梁殿堂 30 座，其中明代 21 座，万历年的现存 11 座，其中 4 处 9 座为妙峰所建。它们分别是：

图 5-4-12
山西永济万固寺
无梁殿旧影
《近代中国分省人文地
理影像采集与研究：山
西》第 65 页

1. 山西永济万固寺无梁殿，建于明万历十九年至二十二年（1591—1594）之间（图 5-4-12）。

2. 江苏宝华山隆昌寺无梁双殿，约建于明万历三十三年（1605）。

3. 山西五台山显通寺大无梁殿和藏经无梁双殿，建于明万历三十三年至三十六年（1605—1608）之间。

4. 山西太原永祚寺大雄宝殿、禅堂、客堂，建于明万历三十六年至四十年（1608—1612）之间。

上述 9 座无梁殿堂，再加上万固寺砖塔和永祚寺砖塔，均是仿木构的砖砌结构。它们的一个共同点在于，外檐斗栱的坐斗上，均表现了替木式短栱的形象。即便是远在江苏省的隆昌寺无梁双殿，也是如此。而且如果我们再将范围稍稍扩大一些，可以发现这类替木式短栱的形象有着更为广泛的运用。

拓展的第一步，按照明万历年官造无梁殿的线索，现存另外两座非妙峰主持建造的无梁殿，分别是建于万历二十八年（1600）的峨眉山万年寺无梁殿，和建于万历三十六年（1608）的苏州开元寺无梁殿。这两座无梁殿，也都在斗栱处使用了替木式短栱形象。其中万年寺无梁殿的整体造型十分独特，充满少数民族建筑的特点。但在斗栱使用上，还是遵循了这样的做法。

回过头来也拓展一下妙峰法师的线索，还有另外两座砖塔与之相关。一座是妙峰禅师在五台山的墓塔，当为妙峰圆寂后所建，其外檐斗栱处也有使用替木式短栱形象。另一座是现存于山西洪洞万安镇的万圣寺舍利塔。虽然该塔建造并未见诸文献，但其碑文显示，最初的主持建造者为"妙法师徐氏，平阳府小村人，学问渊源，洞悉禅礼，披剃于蒲州万固寺"[15]。研究者认为这位"妙法师"应当就是妙峰法师。妙峰委托当地晋应兆与刘承宠二人承建该塔，不久应兆辞世，承宠孤立无援，导致项目搁置。直到明天启初年，来自蒲坂的"妙法师"的徒弟孙定越拜访承宠之后，助其完成了建造。无论刘承宠是否严格地传承了妙峰最初的设计做法，最后这座砖塔的外檐斗栱中，也显示出了替木式短栱的形象。

当然也需要说一说双塔寺的东塔。东边的文峰塔建得更早，在山西永济万固寺无梁殿之后、江苏宝华山隆昌寺之前。这反映出替木式短栱在当年是多么流行。

替木式短栱这一形象如此频繁地出现在明代晚期砖砌建筑的斗栱之中，并广泛地延伸至江苏、四川等处，是一个值得我们探究的现象。其背后或许反映出无梁殿做法官方制度化的成果；又或许体现了来自某处的某一批砖石工匠，在妙峰这样的建筑师带动下，走出自己的地域，将其影响力传诸全国。不论如何，作为难得见于史料的古代建筑师，妙峰法师和他的建筑作品都值得我们更加深入地去研究和了解。

## 注释

1. 彭明浩：《试析"替木式短栱"》,《中国建筑史论汇刊》第九辑,2014(01),第79—93页。

2. 同上。

3. [清]阎毓伟.邑侯赵公讳良璧创建雪宫奎楼碑记,载于杨拴保主编《清徐碑碣选录》,北岳文艺出版社,2011,第182—183页。

4. [清]刘宏辅：《重建城隍庙乐楼碑记》,载于杨拴保主编《清徐碑碣选录》,第208—210页。

5. [清]贾联芳：《重修城隍庙碑记》,载于杨拴保主编《清徐碑碣选录》,第210—213页。

6. 柴玉梅：《清徐尧庙尧王殿勘察报告》,《文物季刊》1992年第1期。

7.《现存石刻·清·重修熙贞观碑记》,李玉明主编、梁俊杰分册主编《三晋石刻大全.太原市娄烦县卷》上编,三晋出版社,2016,第100页。

8. 李正佳、安宏业、程群、郭霞：《探究娄烦三教寺的前身与今世》,《文物世界》2018年第4期。

9. 同上。

10. 蓝吉富主编《禅宗全书》五十一册《憨山大师梦游全集》三十一卷,敕建五台山大护国圣光寺妙峰登禅师传,北京图书馆出版社,2004.

11.《妙峰大师行实碑》,秦建新等点校,《五台山碑刻》,三晋出版社,2017.

12. 同上。

13. 山西宁武县万佛洞。

14. 朱馥艺：《明万历官造无梁殿与妙峰大师》,《建筑史》,2017年第1期。

15.《现存石刻·明·山西平阳府赵城县出佛峡起建舍利宝塔记》,刘泽民总主编、李玉明执行总主编、汪学文主编《三晋石刻大全·临汾市洪洞县卷》上编,三晋出版社,2009.

角度的约束

　　面阔若干进深若干的长方形平面房子算是大木匠的日常。正方形呢，只是长方形的特例，难度一点也没有增加。正方形立面套八边形的，以及直接做成八边形平面的案例里，也无非是直角三角形口诀用得多一些，精度要求高一些。六边形则要求助于诸如"六龙角上走"一类的口诀。那么七等分或十四等分圆周呢？——高斯不是论证了没有尺规解决方案吗（图6-0-01）？

　　从角度的角度通览太原地区木结构建筑案例中的趣味为的不仅是趣味，而是希望通过今天对案例连缀后呈现出来的东西能让今天的人们一步步走进昨天匠人的内心体会他们的用心。

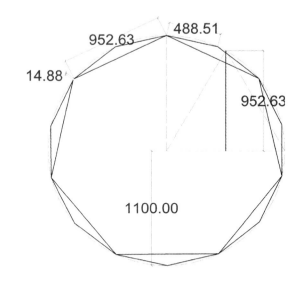

方法1：丢勒 五边形推论法

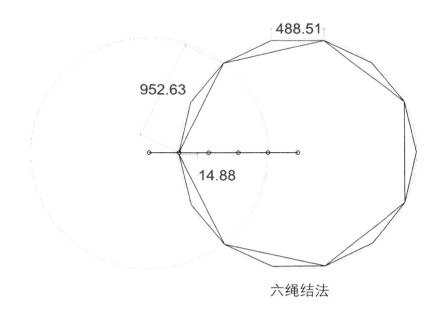

六绳结法

图 6-0-01
西方正七边形（十四边形）
作图法示意
徐扬绘

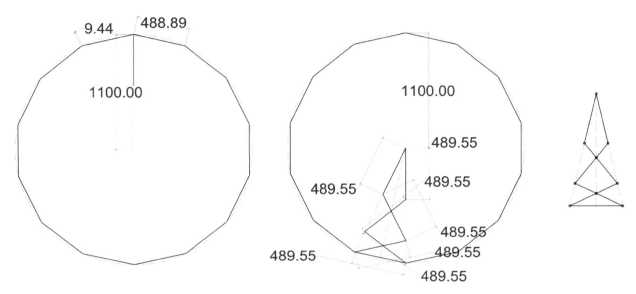

9.44　488.89

1100.00

1100.00

489.55

489.55

489.55

489.55

489.55

489.55

489.55

方法2：托尔图萨大教堂做法　　　　　　方法3：内修斯构造法

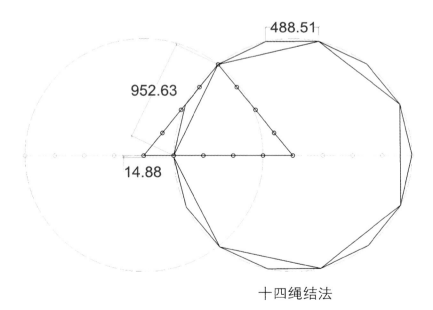

488.51

952.63

14.88

十四绳结法

# 四方中的八角
## 大王庙大殿

| 大王庙大殿 | | 阳曲县 | |
|---|---|---|---|
| 指征建造年代 | 明成化三年（1467）<br>清康熙二十六年（1687） | 指征建造行为 | 创建 / 重修 |
| 现存碑刻数量 | 4/ 掩埋情况不详 | 现存题记数量 | 1/ 覆盖情况不详 |
| 等级规模 | 民间 | 指征匠作信息 | 无 |
| 特殊设计 | ◆ 多重抹角梁实现室内<br>　无柱空间 | 特殊构造 | ◆ 三重抹角梁<br>◆ 补间铺作真下昂<br>◆ 近角处补间铺作移远 |

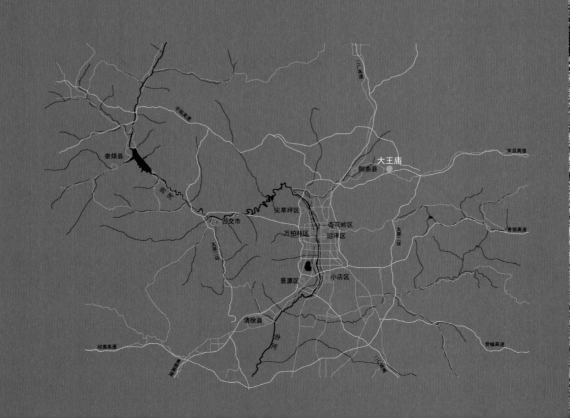

从小就听老父亲一会儿哼"老程婴提笔泪难忍",一会儿又是"我魏绛闻此言如梦方醒",却一直也不知道《赵氏孤儿》中的主要人物赵武在山西民间得到广泛尊祀。传说他死后被玉帝封为山神,掌管风雨。民间每遇旱情,求雨必应。明清时期,山西旱灾频仍,明代尤甚[1],民间对藏山大王赵武的信仰也达到了顶峰。而程婴隐居并抚养赵武十五年之所在便是盂县藏山。于是,藏山祠被认为是藏山神赵武的正宫。咱们说的阳曲大王庙只是藏山神众多行宫之一,位于从盂县到太原的必经之路上。

图 6-1-01
阳曲范庄大王庙
总平面图
刘天浩摄

## 寂寞高岗

范庄村所处的高岗之上，闲杂建筑已经被清理干净，唯独剩下了这座大殿（图6-1-01）。殿前形成宽敞的空地，老旧的土坯墙仿佛大殿曾经倚靠的凭栏，舒展开来，别有一番乡土的滋味（图6-1-02）。站在殿前四望，一片平夷，远处高速公路也只是轻轻一抹而过（图6-1-03）。

从地势较低的村庄行进到庙上，要爬一段坡。这是村建庙宇常见的选址思维。这里爬坡的方式大致沿袭了老年间的做法，只是大半改成了柏油马路。道路在庙外坡下弓起一道弯，来访者则要在庙东侧拾小路北转，再向西折行入庙（图6-1-04）。

赵武的这座行宫是寂寞的——按照乡亲们的说法，岗上原本也有配祀的神祇，只是世事变化莫测，如今已经难以说清"游方"众灵的名姓了。

## 书上、碑上和屋上的文字

书上的记载来自于《阳曲县志》，说大王庙始建于明成化三年（1467）。

图 6-1-02
大王庙大殿一瞥
刘天浩摄

图 6-1-03
大王庙大殿及周边村落环境鸟瞰图
刘天浩摄

图 6-1-04
大王庙大殿及周边
道路环境鸟瞰图
刘天浩摄

碑上的记载有四段。

第一段是明成化八年（1472）的残碑，虽然文字多有漫灭，但是三段石刻记载得最为详尽。碑文说范庄原有旧庙一座，"远在僻壤，气象不仪"。"成化三年（1467），连月不雨，禾苗入土者半苗"。虔诚祭拜神祇之后，"神灵显应"，救民于饥渴。为了"省远请之劳仰，且得近祷之便，而获屡丰之效"，在现址建此大王殿，以"妥神棲而迎福佑"。

第二段是殿内明成化十年（1474）《藏山行祠石桌之记》。"太原郡之东北去城九十里有乡曰范庄，于成化丁亥间同一乡人和□协议，发币疏材"，起盖神庙。这里说的成化丁亥就是成化三年。

第三段是明崇祯九年（1636）石幢，未见营造信息。

第四段是清康熙二十六年（1687）《重修大王庙稍修神庙一所》石碑，距离成化三年 220 年之后，反倒是"不知起于何代，建自何朝"。

建筑上的记载凑足了最后一块拼图。时至今日，大殿脊檩下脊枋底部，间或被襻间斗栱遮挡着的，仍然可以读出墨记"维大明国成化三年岁次丁亥□□□□日辛卯时新修殿壹所谨志"（图 6-1-05）。

通过所有史料的相互印证，我们可以初步断定大殿的建造年代为明成化三年，是鼎新的时间，不是因旧维修。这总体上框定了大殿现状面貌的身世。

## 大殿三宝

从外到内，大王殿自带一身精致的气质，这便是设计者的成功之处。

图 6-1-05
大殿脊枋下题记
刘天浩摄
刘畅绘

　　殿外，大屋顶之下，是朴素的门窗和墙体，并不用装饰铺满视野。精致之处巧妙地布置在檐下一条和墙底一条——上面是斗栱，下面是砖雕(图6-1-06)。外墙下碱用以阻隔毛细水侵入墙体，常见是以石为之。用如此精细的砖雕来做须弥座构图的下碱，颇令人恍然以为殿内神坛基座用在了此处，供奉着整座大殿。此大王庙第一宝。

图 6-1-06
大殿正面外景
刘天浩摄

图 6-1-07
大殿屋架内景
刘天浩摄

殿内，塑像早已没了踪影，空空的，由三面墙壁完整封闭，墙上壁画静静地铺陈着旧日的焕然。它记录了赵武来此布雨的情景，是符合行宫身份的出行、回宫、尚膳、尚服的场面，是一组民俗的图卷。此大王庙第二宝。

穹隆般笼罩殿内的，是彩绘沉着的一幡梁架，像带雨而来的浓云，飘浮着也覆压着，绝不需要一点点多余的支撑（图6-1-07）。此大王庙第三宝。

## 结构三要

细看大殿的木结构，那是我们的挚爱——在正方形平面上嵌套八角再架正方，反复而成的架构，怎一个"帅"字了得。细究之，能够从小到大观察到三个重点。

第一点是大殿平身科斗栱使用了真下昂，而且不是常见于明清官式溜金斗栱那种冰球杆一样弯折的构件——一里一外都更多地为了装饰——而是从昂嘴开始、一气上彻的构件，带着蚂蚱头一同上挑（图6-1-08）。此外还需要注意到，这种斜向的纽带只在柱间的斗栱上使用，挑斡后尾隐隐地躲在硕大的抹角梁上面，构造联系的作用比装饰作用更紧要（图6-1-09）。

第二点来自一个疑问：为什么大殿次间平身科不居中，而是更远离转角呢（图6-1-10）？答案不在如何设计抹角梁位置的算法，而是非常朴素——平身科真昂和耍头后尾避让角梁后尾，从而避免复杂的构造交接。用宋《营造法式》的话说，就是"凡转角铺作，须与补间铺作勿令相犯"。山西宋金时期有不少这样次间补间铺作距离转角略远的案例[2]，这无疑是一种非常古老的设计趣向。

第三点是大殿整体的抹角梁体系居然由方到八角，再到方，再到八角，反复为之，用了三层抹角梁，最后才从上方的八角悬挑出垂莲柱，限定了最顶上的三架梁（图6-1-11）。由于还没有机会开展精细测绘，

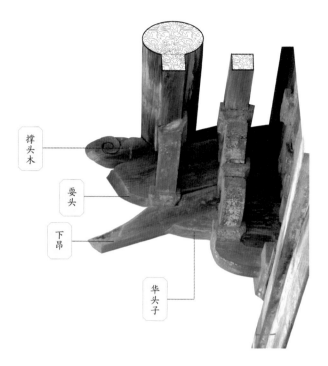

撑头木

耍头

下昂

华头子

图 6-1-08
大殿平身科斗栱真下昂
和蚂蚱头出挑斡
刘畅摄

图 6-1-09
大殿室内部分平身科
斗栱后尾
刘畅摄

我们只知道大殿平面边长约略 9.7 米。如果算上侧脚，大殿柱头可能便是一个边长三丈的正方形。

　　看着面前的结构，我们实在迫不及待地想知道层层四方和八角到底是什么尺度什么算法，匠人用的是什么口诀[3]。

图 6-1-10
大殿内景
次间平身科不居中
刘天浩摄

图 6-1-11
大殿屋架全景
刘天浩摄

# 2

# 相同的几何
## 纯阳宫吕祖殿和降笔楼

| 纯阳宫吕祖殿和降笔楼 | 太原市 |
| --- | --- |

| 指征建造年代 | 明万历二十五年（1597）<br>清乾隆五十九年（1794）——吕祖殿<br>清嘉庆四年（1799）——降笔楼 | 指征建造行为 | 创建 / 重修 |
| --- | --- | --- | --- |
| 现存碑刻数量 | 8/ 掩埋情况不详 | 现存题记数量 | 0/ 覆盖情况不详 |
| 等级规模 | 官方（宗室）/ 民间 | 指征匠作信息 | 无 |
| 特殊设计 | ◆ 多重抹角梁实现室内<br>　无柱空间——吕祖殿<br>◆ 宗教含义——降笔楼<br>◆ 下层正方形平面、上层<br>　八角形屋架设计——降笔楼 | 特殊构造 | ◆ 三重抹角梁设<br>　计——吕祖殿<br>◆ 三架梁下垂莲<br>　柱——吕祖殿 |

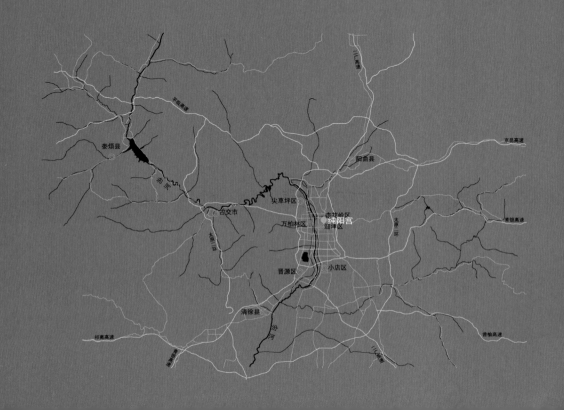

从五一广场的首义门信步前行，西北角不远处即是藏有惊世不凡的武则天时代的"涅槃变相碑"的纯阳宫（山西省艺术博物馆）。穿过"道德之门"，对着凸显佛道友好的铜铸弥勒佛笑一笑，便到了纯阳宫的吕祖殿。继续前行，里面一进院落的中心是降笔楼。二殿前后呼应，逐步升高，汇聚了宫观的灵气（图6-2-01）。

图 6-2-01
太原纯阳宫及周边
总平面图
迟雅元绘，底图
来自百度卫星图

## 营造往事

　　明万历版《山西通志》和《太原府志》均未提及这座纯阳宫。清康熙版《山西通志》卷五十七中开始提到"纯阳宫在府城天衢街贡院东，万历二十五年建"。后来的清乾隆版《太原府志》也说，"纯阳宫在府城天衢街贡院东，万历二十五年朱新场朱邦祚建"。清道光版《阳曲县志》卷一中记载的是"纯阳宫在贡院东，明万历年晋藩王朱新扬（误，实"场"）朱邦祚建"，且在其建置图中，纯阳宫的区位与现状相合。清光绪版《山西通志》中故事更丰富些："太原府纯阳宫在贡院东天衢，明万历年朱新场朱邦祚建。相传规画皆仙乩布置。内八卦楼、降笔楼，亭洞幽曲，对额皆乩笔。题碑二，一钟离权乩笔，一李太白乩笔。"[4]综合来看，清代志书中给出了"明万历二十五年"（1597）的建造年代，也明确了建造者晋藩王朱新场、朱邦祚的名字。

　　进一步的细节需要依赖碑刻的记载。在前院新修的碑廊中现存有与纯阳宫营建历史相关的碑刻共八通，从明万历年间至民国，为纯阳宫的营建过程提供了较为丰富的历史信息。

　　第一通碑刻是明万历□十二年（1594，1604或1614）《山西太原府纯阳宫碑记》，碑文中未见新建或重修线索，无法校正后世碑刻中明万历年间重修的说法。最重要的句子是"正阳道人钟离权□写于纯阳宫之降笔楼"，说明清光绪年间《山西通志》里面提到的降笔楼等建筑已经存在了。

　　第二通刻在了万历碑的背面，上有明天启六年（1626）的纪年，记载了纯阳宫建造地亩和建造捐赠的情况，谈及当年中轴线上有"本宫牌坊三间……大门洞三间……二门三门……正殿三间……三门壹院共计洞贰拾肆间，上楼房一拾二间，降笔楼一座，角楼四座，后藏经□块"……这里的记述中没有八卦楼的名字，行文次序不敢断然为凭，于是也就无法完全确定降笔楼对应着的是今天的哪座建筑，仅有了八卦楼是群组，降笔楼居中央的猜想。

第三通是清乾隆五十九年（1794）《补修纯阳宫诗》，说明范氏、高炼昌的功德，未言及建筑。

第四通是清乾隆五十九年（1794）《纯阳宫重修殿前二院碑记》，提到"修葺正殿三间东西配殿六间"等工程项目。

第五通是清嘉庆四年（1799）《补修纯阳宫后二院碑记》，碑文中"卜日鸠工，旧者□，损者葺"等记录大致说明建筑规模是依照前式。

第六通是清嘉庆七年（1802）《补修碑记》，唯颂扬善举，建筑信息阙如。

第七通是清嘉庆十一年（1806）《纯阳宫洞后观音大士阁碑记》，讲述了"中院坎向，旧建□（梓）橦帝君阁，年远倾颓"，清嘉庆九年至十一年间"鸠工□材，筑庭阁"的事迹。此处虽言"中院"，但综合碑文其他信息，可以推测此阁即指今天之"巍阁"。

最后是民国三十二年（1943）的《纯阳宫碑记》，信息无新意。

## 似曾相识的吕祖殿

对照史料，吕祖殿的指认不存在异议，是纯阳宫第三进院落的正殿（图6-2-02）。

大殿平面方形，面阔三间，上覆歇山顶，出檐深远却不用斗栱，颇疑是明万历间朱新场的主意。进入殿堂，满目是简洁率真的木构，只有殿内穿着红衣的辅柱并非始建时期的原物。于是，更加坚定了先前对于主人不用斗栱决策的猜想——况且这样的屋架设计是多么的似曾相识啊！

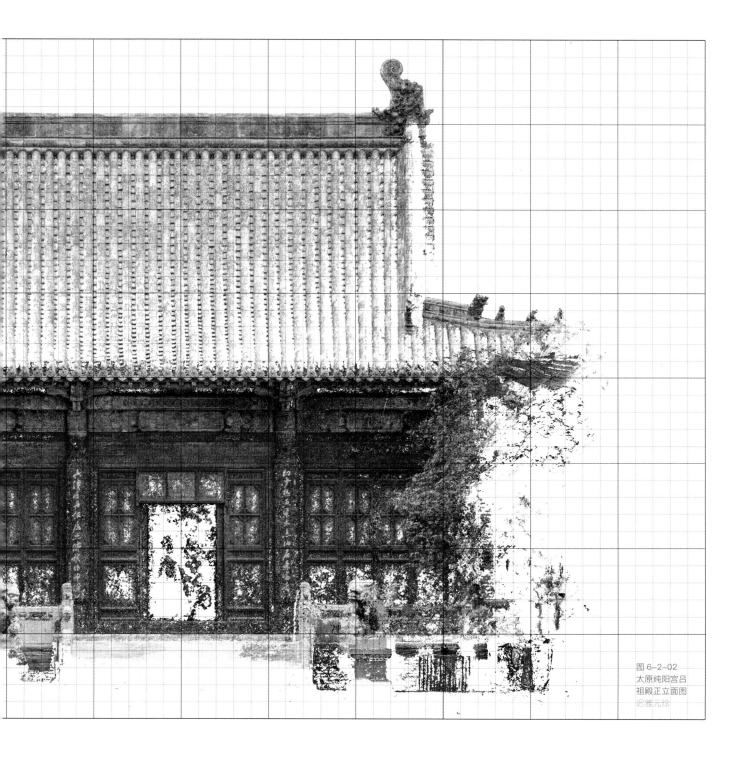

图 6-2-02
太原纯阳宫吕
祖殿正立面图
迟雅元绘

　　不妨将大殿屋架和阳曲大王庙屋架对照起来看，便可以省去一切赘言（图6-2-03，图6-2-04）。二者之间，除去肯定会有的尺度权衡——我们步测数据的结果居然是一样的——差别就只有斗栱一层，因之出檐远近不同，步架设计也会受到影响。纯阳宫这样完整的屋架结构假如不是初创建筑师的设计，那么后来的重修者手法和算计也太高妙了吧！

　　颇惊讶于这种至少跨越130年的雷同，是同一派匠人所宗不坠呢？还是几代传承、两个匠帮内心深处萤火一样的心有灵犀呢？

图6-2-03
太原纯阳宫吕祖殿与
阳曲大王庙大殿梁架
对比图（一）
刘天浩摄

[右页图]
图6-2-04
太原纯阳宫吕祖殿与
阳曲大王庙大殿梁架
对比图（二）
刘天浩摄

# 履四戴八的中央楼

既然碑文里没有出现八卦楼的名号，而且天启碑文中还把降笔楼写在了四座角楼的前面,在此姑且用中央楼称呼这座四方院当心的"戴四履八"的楼阁是较为妥帖的权宜之策。

中央楼给建筑师的第一印象是上层亭身是如此之紧凑，以至于他头顶的屋檐显得不止是深远了（图6-2-05,图6-2-06）。由于还没有机会在此展开详细的测量，我们只好通过更多的照片，对当时匠人的结构选型做一些回味。

八角重檐亭自有成熟的做法（图6-2-07），自然也有下层四方上层八角的解决方案（图6-2-08），更有四川平武报恩寺御碑亭最为奇妙的结构（图6-2-09）。值得多说一句的是平武的碑亭。这个亭子平面正方形，用十六根立柱，中间的四柱上升，支撑上层正八边形屋顶。上层屋顶造型尤其独特，采用翼角朝向各个正立面的方式，而非常见的正方形抹去四角的形式，堪称孤例。

对比上述代表性的案例，中央楼的方案既不是在常规做法上加楼板出挑平坐，也不是更有趣味地仿一仿河图洛书中心更加类似报恩寺碑亭的样式，反而显得有些过于简单明了。虽然我们还没有机会考察中央殿的大木结构，但可以猜测，这个匠人并不知道平武匠人的小九九吧？

图 6-2-05
太原纯阳宫九宫八卦院
中央楼正立面图
徐扬、徐寒绘

图 6-2-06
太原纯阳宫九宫八卦院
中央楼剖面图

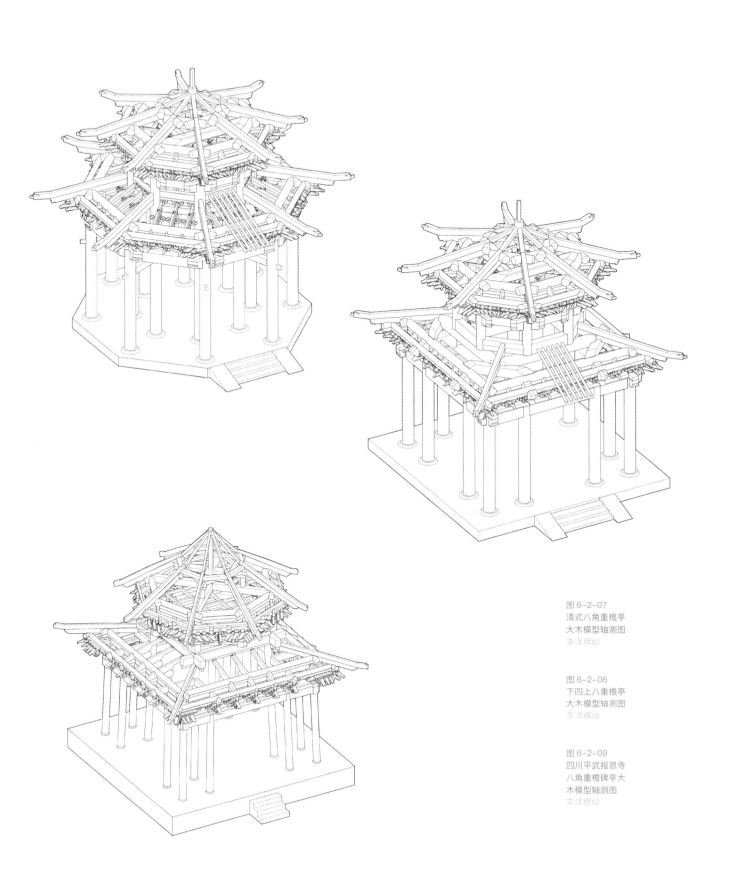

图 6-2-07
清式八角重檐亭
大木模型轴测图
李泽辉绘

图 6-2-08
下四上八重檐亭
大木模型轴测图
李泽辉绘

图 6-2-09
四川平武报恩寺
八角重檐碑亭大
木模型轴测图
李泽辉绘

# 3

# 八角的算法
## 龙泉寺观音堂

| 龙泉寺观音堂 | | | 太原市 |
|---|---|---|---|
| 指征建造年代 | 明嘉靖十七年（1538）至十八年（1539） | 指征建造行为 | 创建 |
| 现存碑刻数量 | 1/ 掩埋情况不详 | 现存题记数量 | 0/ 覆盖情况不详 |
| 等级规模 | 民间、与官式的联系 | 指征匠作信息 | 明嘉靖孟寿等 |
| 特殊设计 | ◆ 正八边形平面<br>◆ 屋架架构 | 特殊构造 | ◆ 耍头挑斡构造<br>◆ 八角攒尖构造 |

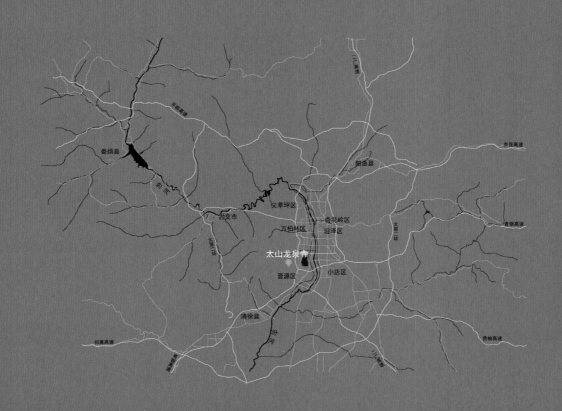

对几年前并不顺畅的前往龙泉寺的入山之路仍心存芥蒂，竟不曾期待路况的今非昔比，着实来了个意外惊喜。隔河相望，还是那座熟悉的景区牌坊，微微拱起的引桥迎送着游客。漂浮于绿树之间的灰瓦屋面悠然自若，仍是龙泉寺几年前的样子。如今新建的庙宇已然成为了主角，而我们此行将要拜访的主角却是记忆中那座紧闭着殿门的观音堂[5]。

## 一座身世澄明的团殿

今天的观音堂已经敞开殿门，虽然欢喜，但并不急着进入殿内，架起扫描设备，先从读碑开始。

这是一座身世澄明的殿宇，殿前明万历八年（1580）的石碑详实地记载了应有的营建信息：

1. 功德主的功德。太原居士王化与其妻郭氏出家资五十余两。

2. 助缘仕夫的名单。浙江按察司副使东庄高汝行，直隶栾县知县谦庵高自卑，太原右卫指挥佥事梅州王垲，寿官郭永隆，另有太学生和邑庠生数人。

3. 各色人匠的姓名。金妆圣像陆云奎，木匠孟寿，塑匠孝忠，□匠殷得雨。

4. 营建的时间。始于明嘉靖十七年（1538）二月初三，成于嘉靖十八年（1539）四月十八。四十年后，功德主之子王一鹏立碑纪事。

5. 营建的内容。团殿一座（即观音殿）、翼堂（室）四楹，前设钟楼、寝室则植桧柏围环（图6-3-01，图6-3-02）。

## 一点官式味道的斗栱

依据碑文，既然王一鹏的高祖是赫赫有名的南京工部尚书王永寿[6]，那么王化便是王永寿的曾孙。据说，王永寿家族是太原望族王氏后裔，

图 6-3-01
鸟瞰观音堂
迟雅元摄

图 6-3-02
俯瞰观音堂
迟雅元摄

王永寿与弟弟王永享皆为举人出身，他们这一支被称为"太原王氏柳林世"[7]。王永享曾任隆庆知州，虽官位不及兄长，然其三子却是历任工部主事，户部、兵部、吏部尚书，名气更大的"明代三重臣"之一的王琼。王琼卒于明嘉靖十一年（1532），比观音堂的诞生早了 6 年。王化算是王琼的孙辈，孙辈们虽未再创辉煌，但祖上的余荫自当不可小觑——非但家境殷实，而且与官宦交游甚密。

出身官宦门第、祖上又曾主政工部，是否能为功德主王化的品味加上一个"官式"的注脚呢？孟寿会是一位身怀官式营造技艺的木匠吗？

恰是也好，偶然也罢，观音殿的大木作的确有一些官式的味道：栱头不做抹斜设计，耍头不刻成多层卷瓣而仅用较为规整的蚂蚱头，平板枋的讹角做法也与府文庙（原崇善寺）的井亭颇似（图 6-3-03）。

## 一个颇为精准的正八边形

碑中所言的"团殿一座"指的正是这座八边形的观音堂（图 6-3-04 ～ 06）。我国古代的多边形建筑并不少见，例如五边形的宁寿宫花园碧螺亭、六边形的文庙井亭、七边形的纯阳宫扇面亭、八边形最为著名者应县木塔。

　　说回观音堂。实测数据显示，它的平面是个颇为精准的正八边：

　　1. 檐柱柱头八边,边长的最大值（2954.0mm）和最小值（2924.0mm）之间约有一寸之差，八个边长的标准差仅为10.7mm，平均值是2941.2mm。

　　2. 挑檐檩八边，边长的最大值（3162.9mm）和最小值（3117.4mm）之间约有一寸半之差，八个边长的标准差仅为13.3mm，平均值是3147.2mm。

图 6-3-04 ～ 05
观音堂立面图
赵寿堂、迟雅元绘

图 6-3-06
观音堂立面图
赵寿堂、迟雅无绘

# 一段关于大木尺度的猜想

关于正八边形的算法口诀，在《营造法式》里是这样说的："八棱径六十，每面二十有五，其斜六十有五。"实际上是将边长、径长、斜长精简成 5∶12∶13 的一组"勾股弦"数，这个八棱的精度相当于将 $\sqrt{2}$ 约等于 10∶7 [8]。清代样式房和算房档案中的《定八角面阔歌》和《八角》则给出了更为精确的边长、径长、斜长等尺寸的换算因数 [9]，例如径长为边长的 2.414 倍，斜长为边长的 2.612 倍等，精度相当于 $\sqrt{2} \approx 1.414$。

《营造法式》八棱的优点在于换算简洁，对于尺度不大的建筑单体或建筑局部，它应当可以满足施工的精度要求了。清代歌诀的优点在于误差小，但面对奇零的尾数尺寸时，匠人也会在不影响施工精度的情况下权衡取整吧！

宋代与清代两类八边形之间的其他匠作算法尚待挖掘，这个明代的八边形究竟会用什么样的算法和尺度呢（图 6-3-07 ～ 09）？

不妨给出以下几条平面丈尺的假说：

1. 当营造尺长约 315mm 时，挑檐檩正八边形的边长刚好一丈。

2. 檩架的分位设计具有优先性。除挑檐檩外，下金檩八边形的边长为整尺设计，边长 6.5 尺；上金檩八边形可能受修缮和变形扰动，理想边长设计为 3 尺；架道平长设计精确到寸，即檐步与金步平长均为 4.2 尺，脊步平长 3.6 尺。

3. 各层檩架平面在边长和架道平长的换算中，用到了"边长差之半∶架道平长 =5∶12"的算法，即 5∶12∶13 的一组"勾股弦"数。

4. 檐柱柱头开间约 9.35 尺，非整尺或半尺设计；金柱柱头开间与下金檩边长对位，约 6.50 尺，为半尺设计。

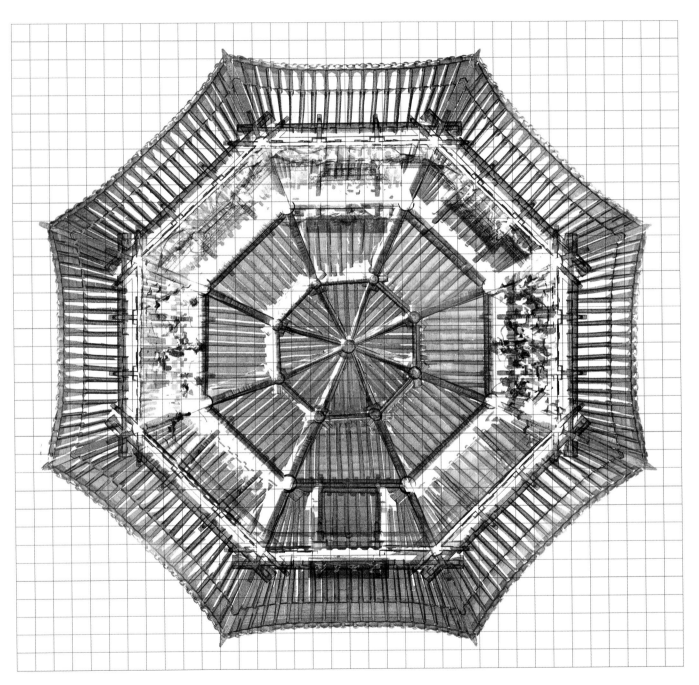

图 6-3-07
观音堂屋架仰视
赵寿堂绘

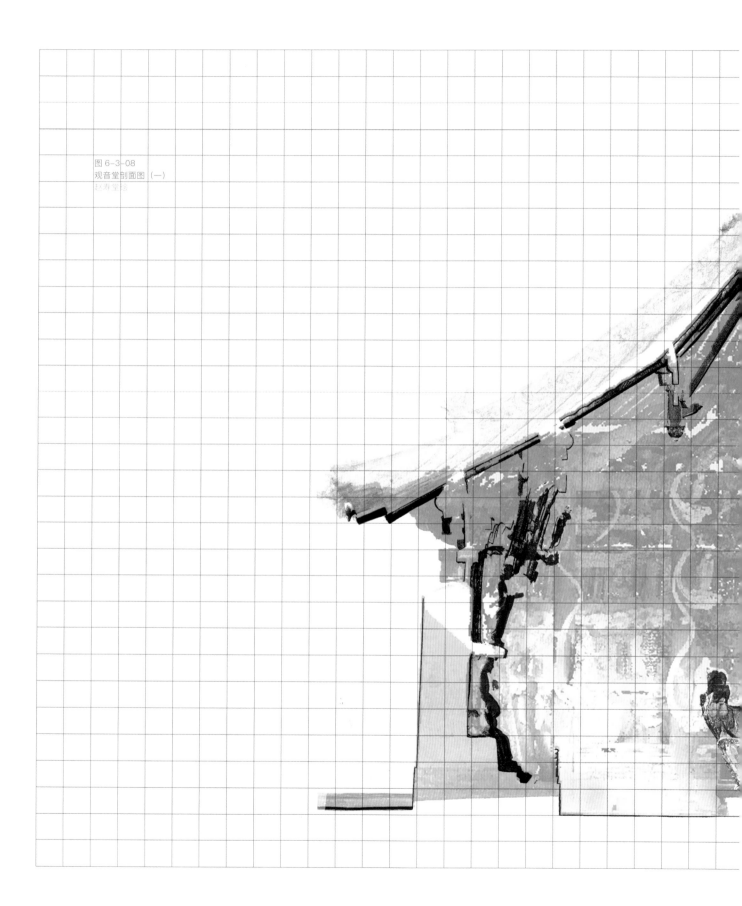

图 6-3-08
观音堂剖面图（一）
赵寿堂绘

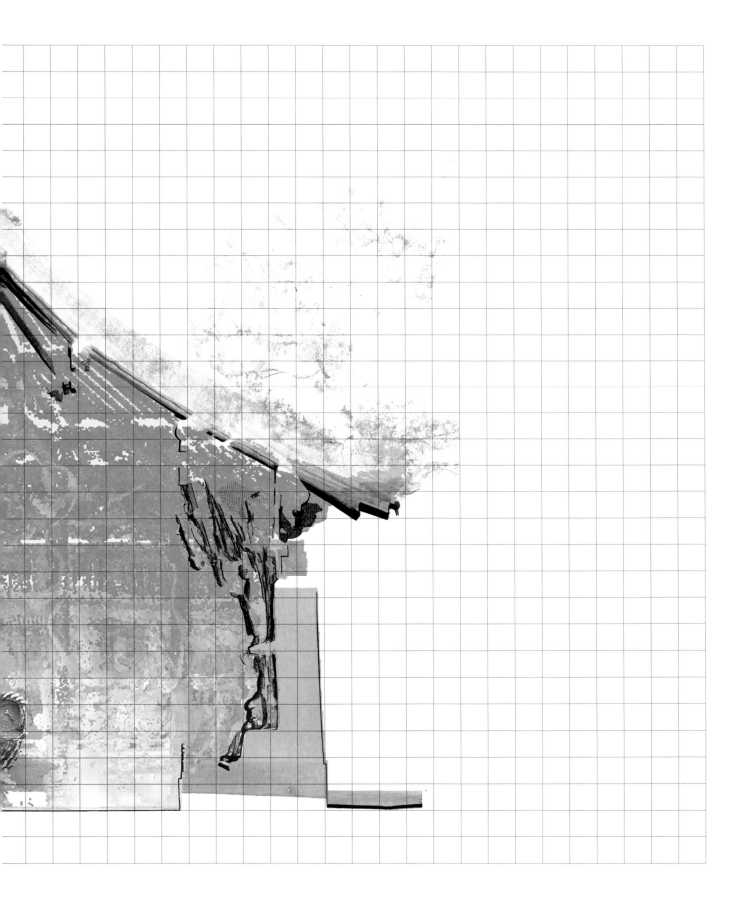

图 6-3-09
观音堂剖面图（二）
赵寿堂绘

# 4 六角和他的兄弟
## 崇善寺井亭

| 崇善寺井亭（文庙前） | | 太原市 | |
|---|---|---|---|
| 指征建造年代 | 明洪武十六年（1383） | 指征建造行为 | 创建 |
| 现存碑刻数量 | 9/ 掩埋情况不详 | 现存题记数量 | 0/ 覆盖情况不详 |
| 等级规模 | 官方（宗室） | 指征匠作信息 | 无 |
| 特殊设计 | ◆ 明官式井亭范式<br>◆ 正六边形平面 | 特殊构造 | ◆ 盝顶井口做法<br>◆ 溜金斗栱做法？ |

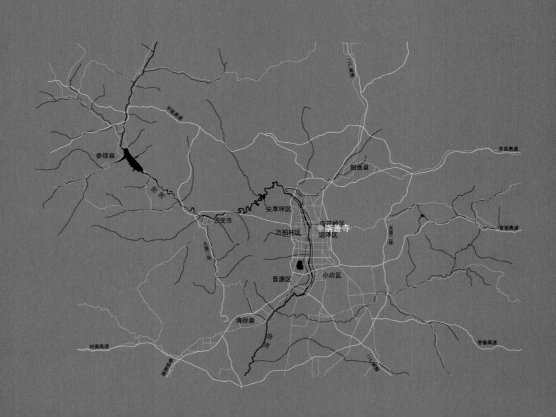

图 6-4-01
太原府文庙前院
总平面图

明洪武年间，崇善寺规模确定的时候，寺院的范围包括今天的太原府文庙全部，当然也包括前院院墙之内的一东一西两座六角形建筑。老人们都记得，这是两座井亭，而且是崇善寺大火劫后余生的幸运儿（图6-4-01）。

## 自带官气

井亭六角造型原本内部中心是井口，当今顶部盝顶部分，原本开了六角形的"天井"，据说是为了沟通阴阳和用长杆清理井下。为了使用井亭室内空间，井和天井都被废弃了，顶上原本是装点天井的屋脊和吻兽后来也被换成了一顶蹩脚的小帽子，又加上了六面的墙体和门窗（图6-4-02～04）。

单看井亭斗栱样貌便基本可以看出这座建筑官气十足。斗栱是只出一跳的单昂三踩形式。细究之，昂下线脚、粗壮的蚂蚱头共同暗示着斗栱似用真昂，为溜金做法；各横栱比例搭配均衡，并无抹斜趣味（图6-4-05）；从正面观察，各横栱的栱瓣曲线弹性十足，并无底面水平过长、过弯过急一类的不经手法（图6-4-06）。

角柱处，六面额枋交汇出头成霸王拳，

图 6-4-02
太原原崇善寺井亭
外景
刘天浩摄

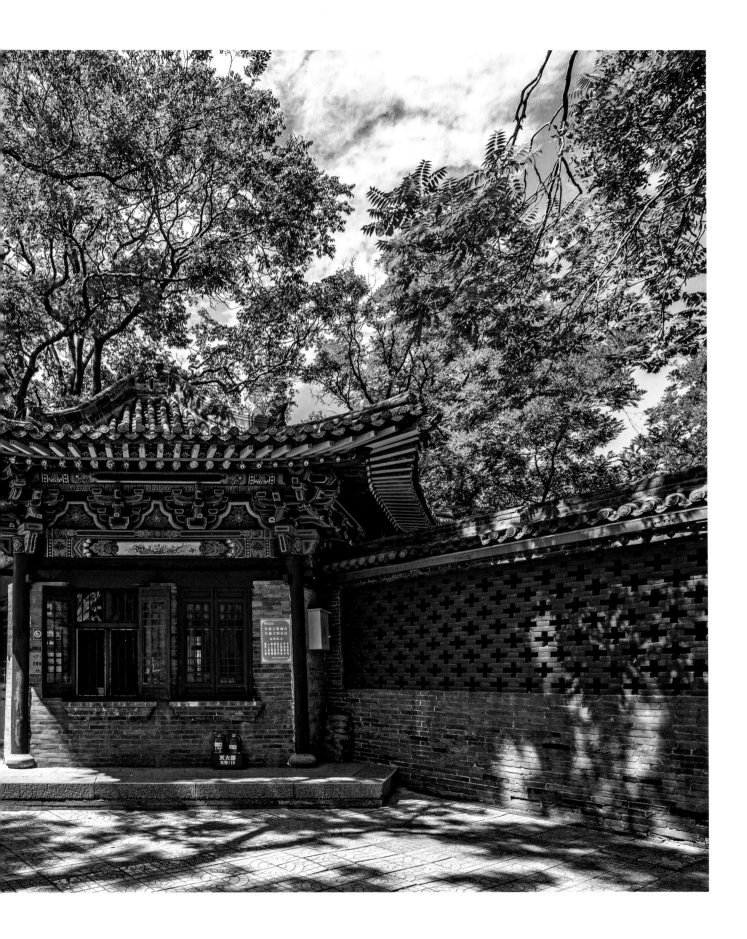

图 6-4-03
太原府文庙东井亭
西立面图
赵寿堂绘

图 6-4-04
太原府文庙西井亭
东立面图
赵寿堂绘

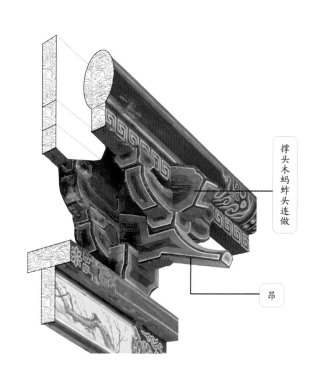

撑头木蚂蚱头连做

昂

虽历经反复砍挠、反复油饰彩画，其轮廓依然与崇善寺大悲殿正交转角处的霸王拳非常相近（图6-4-07，图6-4-08）。

建造六角形的亭子本身就不是一个简单的事。而这对井亭给人的整体印象更是规矩而细致，不是如翚斯飞、如鸟斯革的活泼，而是官家手法的大气稳重。

## 三兄弟

这种六角井亭在国内虽不多见，但也可以在明初皇家建设的项目中找到他同宗的兄弟——一对是北京太庙井亭（图6-4-09），另一对是

图 6-4-09
北京太庙井亭外景
刘畅摄

北京先农坛神厨井亭（图 6-4-10）。三对井亭都应该出自于明初官家甚至皇家的大手笔。

　　太庙井亭的大木结构依然清晰，只是屋顶中心透天的井口不知在哪个年代被封住了（图 6-4-11）。斗栱是匠人指纹密集的地方。太庙井亭的斗栱都是溜金的样式，转角的两侧还各加了一攒附角斗栱，角科和两边近角平身科斗栱后尾完整结束，并不相犯。

　　先农坛神厨井亭屋顶中心透天的井口在最近的一次修缮中被封住了（图 6-4-12）。还好我们留存了 1999 年彩画保护之前和彩画保护之后（图 6-4-13）的照片，可以清楚看到它原本的样貌。与太庙井亭斗栱不同，先农坛井亭没有采用附角斗栱，后尾溜金结构也因此与太庙的不同，角科和平身科昂尾交汇在一处。这种设计不仅大胆，而且自信，计算稍有偏差，或者材料质量稍有问题，或者材料形变，都会造成失败的后果。[10]

　　回到崇善寺。目前，对井亭暂时没有做全面深入研究的条件。我

们勉强可以通过对露明部分的观察，猜想当年木匠可能采用的结构设计，并不成熟的几条推论罗列如下：

1. 从构件表面积尘和造型来看，崇善寺井亭斗栱后尾溜金，昂和蚂蚱头都上彻下金檩。

2. 崇善寺井亭每面的斗栱攒当两边大、中间小，但各面并没有设附角斗栱，大致是斗栱尺度与面阔之间的比例不像太庙井亭那样舒朗，并无添置的余地。同时推测，室内斗栱后尾的做法应更加接近太庙井亭，角科和平身科的昂尾互不相犯。

3. 目测每面斗栱中心攒当和两侧差距仅1斗口余，猜想近角处昂尾和蚂蚱头后尾伸到下金檩的地方一定存在某种装饰构件，妥善而漂亮地实现了三组后尾的交接。

有了这样的猜想，很难抑制自己此刻期待勘察崇善寺井亭的迫切心情。

[左图]
图 6-4-11
北京太庙井亭
屋架结构现状
刘畅摄

[右上图]
图 6-4-12
北京先农坛神厨井亭
屋架结构现状
刘畅摄

[右下图]
图 6-4-13
北京先农坛神厨井亭
屋架结构旧照
刘畅摄

# 七边的扇面
## 纯阳宫角亭

| 纯阳宫角亭 | | 太原市 | |
|---|---|---|---|
| **指征建造年代** | 万历二十五年（1597）<br>嘉庆四年（1799） | **指征建造行为** | 创建 / 重修 |
| **现存碑刻数量** | 8/ 掩埋情况不详 | **现存题记数量** | 0/ 覆盖情况不详 |
| **等级规模** | 官方（宗室）/ 民间 | **指征匠作信息** | 无 |
| **特殊设计** | ◆ 宗教含义<br>◆ 平面设计十四分圆周 | **特殊构造** | ◆ 挑斡构造<br>◆ 半圆七面攒尖构造 |

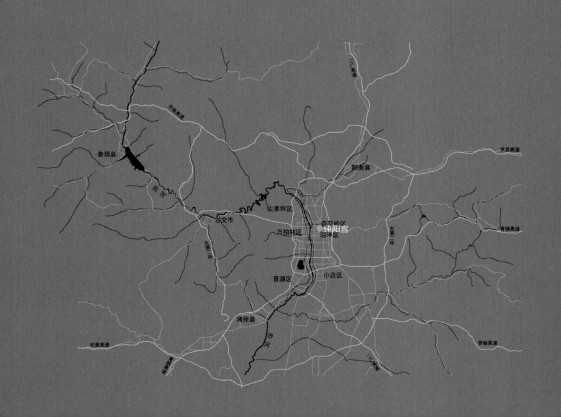

　　纯阳宫最为核心的院落当属这座现代称为"九宫八卦院"的第四进院落。院落的局部、形式及其象征手法，必定是道士借助"仙乩"确定下来的。

## 八十一条脊？

　　同事王南素通数理，告余曰："此院诚九九八十一道屋脊乎！"不妨验算一下（图6-5-01）。

　　1. 此院正楼、东西配楼共计三座，都是歇山顶。歇山顶也被称为"九脊殿"，算上正脊1条、垂脊4条和戗脊4条，两山的博脊不算在内，小计有27条脊。

　　2. 此院中央楼，上层八角攒尖，垂脊8条；下层方形副阶周匝，围脊4条，下檐戗脊4条，小计有16条脊。

　　3. 此院有角楼四座，每座垂脊9条，小计36条。

　　4. 此院前楼卷棚顶，仅用垂脊2条。

　　以上合计81条脊，暗合九宫之尊，以及所有可以附会上的和八十一有关的种种说法。

## 二十八曲边？

　　至于四个角楼，则一定不是偶然，而纯属是精心的设计。

　　按照现行的称谓，这里的角楼叫做"九脊攒尖"顶（图6-5-02，图6-5-03）。叫法本没有错，宝顶、垂脊数量都对得上号，缺点就是不一针见血。

　　九固然是好数字，但是如果只是要设计个"九脊攒尖"亭，做一个正九角的建筑绝对比做成这个扇面的形式要简洁。或者退一步讲，即使是希望配合方形的院落做成扇面的样子，也完全可以定成这样的形式——两个直角边，两端各外加一个短直边，短直边中间再连成一

[左页图]
图6-5-01
太原纯阳宫第四进院落总平面图
迟雅元摄

图 6-5-02
太原纯阳宫第四进院
角亭立面图
徐扬绘

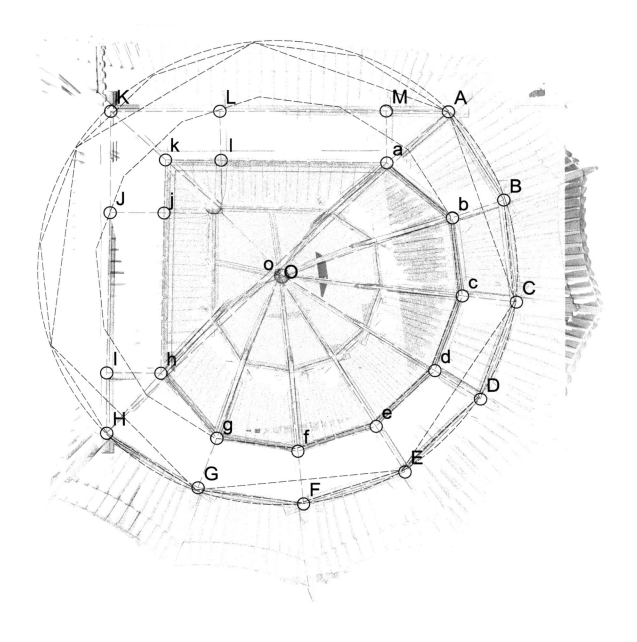

图 6-5-03
太原纯阳宫第四进院
角亭平面图
徐扬绘

道四分之一圆控制下的五瓣折线，也便凑出了九条脊。而现状做法则是两个直角边再加上以七等分半圆为扇面。要知道，五等分、十等分、二十等分圆周都是尺规作图就可以解决的问题，而十四等分圆周则硬是把匠人逼到了一个非要进行高精度几何计算不可的地步。

所以这里的"七"才是正解，四角合在一起组成二十八星宿。

## 匠人的算法

角楼平面是以正方形与正十四边形各取一半组合而成。角楼外檐为柱廊，内檐柱与墙体围合成室内空间，木构架简明并无斗栱，以角梁支撑由戗至中心垂柱，构成特殊的九脊攒尖顶 (图6-5-04)。这个正七边形、正十四边形及其衍生形状的构图在中国古代木构建筑中的运用，为笔者所见古建筑中的孤品。

如果将视野扩大到世界建筑史，类似的建筑设计案例还能找到两则：

1. 最著名的是罗马万神庙。其半球形穹顶 (图6-5-05) 被内凹的花格阵列分为二十八份，每份中线间夹角非常接近等分圆心角的 12°50′，平均偏差仅有 0°36′ [11]。

2. 其次是西班牙的托图萨大教堂。虽然后来为了象征上帝创世纪的七天，有相当一部分哥特式教堂东端半圆形栱都被分为七份，但往往不是均等分布——如法国的夏特主教堂、亚眠主教堂，德国的科隆主教堂等。唯有托图萨大教堂（1383—1441 年封顶）设计手稿和建筑测量数据证实了它是通过相应数学算法而求得的半正十四边形 [12]。

我们通过对纯阳宫西北角楼的三维激光扫描数据分析发现，当 1 营造尺 =318 毫米时，正十四边形平面部分边长为 4 尺 9 寸，外接圆半径 11 尺，内外檐间回廊进深 2 尺 5 寸，内檐每间面阔 3 尺 8 寸，半径 8 尺 5 寸，方形平面面阔共 1 丈 5 尺 5 寸。

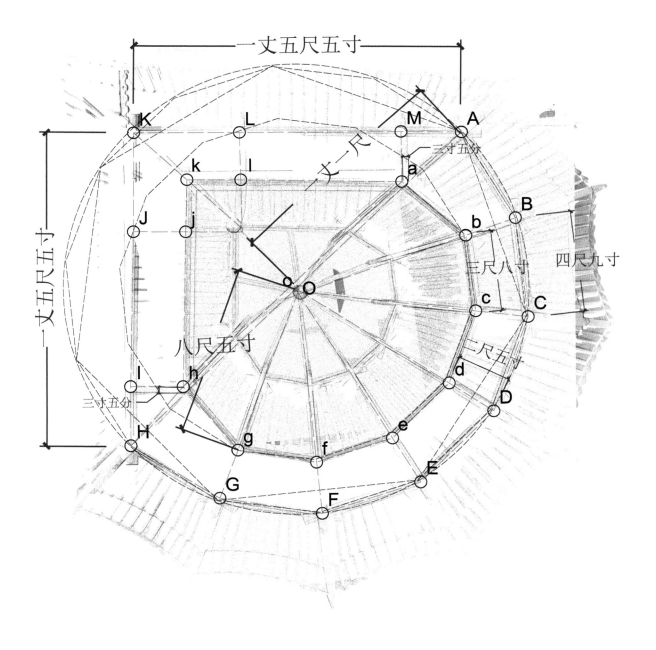

一丈五尺五寸

一丈五尺五寸

一丈一尺

三寸五分

三尺八寸

四尺九寸

二尺五寸

八尺五寸

三寸五分

K L M A
a B
b
C
c
d
D
e
E
D F
G H
h
g
f
l
j
k
J
l
o
O

图 6-5-04
太原纯阳宫第四进院
角亭屋架平面分析图
徐扬绘

图 6-5-05
罗马万神庙穹顶
徐扬摄

## 注释

1. 王建华：《山西灾害史》，三晋出版社，2014，第 375—472 页。

2. 如山西陵川西溪二仙庙后殿等。

3. 匠人八边形计算口诀。刘畅、郑亮：《中国古代大木结构尺度设计算法刍议》，载《建筑史》第 24 辑，清华大学出版社，2009，第 23—36 页。

4. 雍正《山西通志》，寺观，卷一六八。

5. 也被称作观音殿或观音阁。

6. 据光绪《山西通志》和相关史料。

7. 明代李东阳撰《太原王氏柳林世墓碑铭》；刘畅：《清代匠家私辑做法算法歌诀刍议》，《古建园林技术》2002 年第 1 期。

8. 《营造法式》在"八棱"条的前一句就是"方一百，其斜一百四十有一"的方斜密率，但八棱的精度却并未随之而来，其中缘由颇值得思考。

9. 刘畅、郑亮：《中国古代大木结构尺度设计算法刍议》，载《建筑史》2009 年第 1 期。

10. 李倩怡、刘畅、李小涛：《再读先农坛神厨井亭木结构设计》，载《建筑史》第 27 辑，清华大学出版社，2011，第 29—42 页。

11. Licinia Aliberti, Miguel Ángel Alonso-Rodríguez. Geometrical Analysis of the Coffers of the Pantheon's Dome in Rome. Nexus Network Journal (2017) 19:363—382.

12. Josep Lluis i Ginovart, Gerard Fortuny Anguera, Agustí Costa Jover, Pau de Sola-Morales Serra. Gothic Construction and the Traça of a Heptagonal Apse: The Problem of the Heptagon. Nexus Network Journal (2013) 15: 325—348.

无拘无束

既然有人"适度装饰"，便一定会有博罗米尼的巴洛克，一定会有想尽办法展现出世界的复杂性的大匠。他们的复杂有时也许只体现在一个不起眼的角落，但对于知音，却有异乎寻常的表现力。在太原这个山西境内最该板起面孔的省会城市，我们却感受到了匠人不甘寻常的冲动——或者他们来自其他遥远的地方，或者他们是一群特立独行的苦心孤诣者。这一章里，我们没有选择那些雕刻得遍体鳞伤的自由发挥，我们更倾向于讲那些在尺度算计和样式设计上更加大胆的创意——比如说在悬山屋顶下加角昂或斜栱，再比如所加的斜栱甚至枉顾 45° 的约束——尽管这里统计的只是我们所知的冰山之一角（图 7-0-01）。

图 7-0-01
山西地区已知的非 45°
斜栱案例分布图
迟雅元、赵寿堂绘

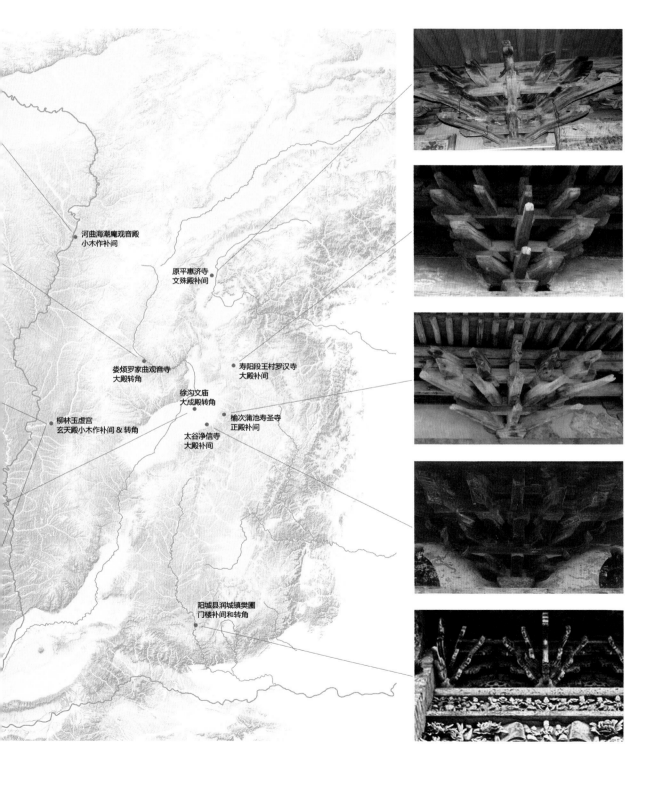

河曲海潮庵观音殿
小木作补间

原平惠济寺
文殊殿补间

娄烦罗家曲观音寺
大殿转角

寿阳段王村罗汉寺
大殿补间

徐沟文庙
大成殿转角

柳林玉虚宫
玄天殿小木作补间＆转角

榆次蒲池寿圣寺
正殿补间

太谷净信寺
大殿补间

阳城县润城镇樊圈
门楼补间和转角

# 1

# 跨界的斗栱
## 千佛寺大雄宝殿

| 千佛寺大雄宝殿 | | 古交县 |
|---|---|---|
| **指征建造年代** | 北宋祥符二年（1009）<br>明弘治元年（1488）<br>明万历十四年（1586）<br>清康熙二十一年（1682）<br>公元 1991 年 | **指征建造行为** 创建 / 重修 / 搬迁 |
| **现存碑刻数量** | 6/ 掩埋情况不详 | **现存题记数量** 3/ 覆盖情况不详 |
| **等级规模** | 民间 | **指征匠作信息** 17 人 |
| **特殊设计** | ◆ 悬山边柱柱头科<br>斗栱做平行斜昂 | **特殊构造** ◆ 平身科的下昂上彻下金檩<br>◆ 转角扇面形斜出昂尾交于<br>前跳瓜栱 |

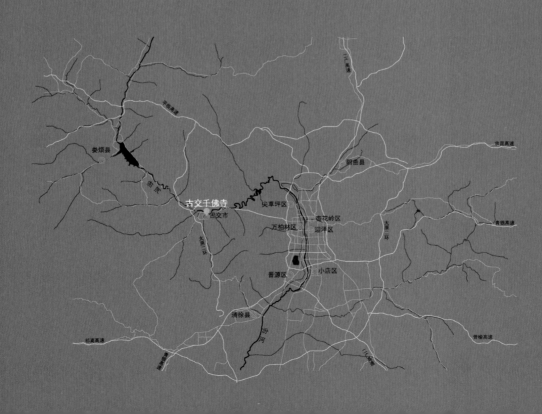

图 7-1-01
古交千佛寺
石雕小佛像
迟雅元摄

凡寺庙、石窟有"千佛""万佛"之谓者，想必是功德主们许了个十方三世的宏愿吧。古交千佛寺大殿后壁嵌有石雕佛像 79 块，造型稳重、色彩斑驳，总计一千余尊，据考证为唐代作品（图 7-1-01）。寺院不论是否创建于唐代，命运多舛下的次次搬迁，无论对于佛像还是建筑，都必定是扰动，而今天佛像的容颜和建筑的特征又该如何追溯和评说呢？

## 两川相挟

古交千佛寺现位于汾河和其支流大川河交汇形成的"胳肢窝"地带，是 20 世纪 90 年代为开展保护修复工作搬迁过来的。我们没能准确找到千佛寺的老家，只从碑文中得知，明弘治年间重修时，千佛寺即位于一处"两川相挟，背山临流"[1]的风水宝地。

有河，就有两岸的生活，就有沿河的交通往来。

如果我们放眼整个西山地区，顺着那些由山谷与河流勾勒出的道路脉络，就会发现地处汾河中上游，坐拥天池河、屯兰川、原平川和大川河四条支流的古交，是中转站一样的存在。其主要道路大多沿河向外发散，成为联系周边地区的"孔道"或"小径"。

如此四会五达之地，匠人们会有什么样的际遇呢？

## 初见大殿

今天的千佛寺规模不大，仅一进院落，坐南朝北，除迁建而来的大雄宝殿外，其他均为新建之物（图7-1-02）。大雄宝殿面阔三间，单檐悬山屋顶，屋面鸱吻尾部外展，较为奇特。大殿檐下用七踩三昂斗栱，各间仅用平身科一攒，布局舒朗（图7-1-03）。殿内彻上明造，梁架简洁，大佛像均为新塑（图7-1-04）。大雄宝殿虽是古物，但艳红的柱子和青色的匾额色彩饱和，不那么沉着。

寺内尚存有多通碑碣，山门一侧还有真能和尚灵塔一座。其中3通记录有古交千佛寺营建信息的碑刻，为我们提供了千佛寺的修建过程和匠人信息。

第一通立于明弘治元年（1488），记曰："寺僧历然募化，维修佛殿三楹。罗汉殿于左，十王殿于右，天王殿、山门于前，各三楹。中设佛事，饰以金碧神天、仪卫，焕然一新。继修钟鼓二楼、乐台，扩建关帝、伽蓝、龙王、马王殿，禅房院内之讲堂、禅室、斋厅、厨传以及寺外之园艺花木，次第毕具。由此，修有所，讲经有堂，朝钟暮鼓声应岩谷，岿然一大招提也。"可见此番重修后千佛寺之规模不小，也奠定了其基本格局。

第二通是落款为明万历十四年（1586）的碑记。其上有"遂将正殿、两廊、山门、乐亭、金容圣像，即成轮焕之华，完美之丽，慨然一新"

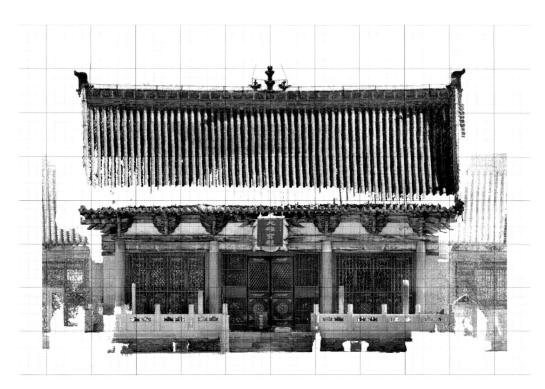

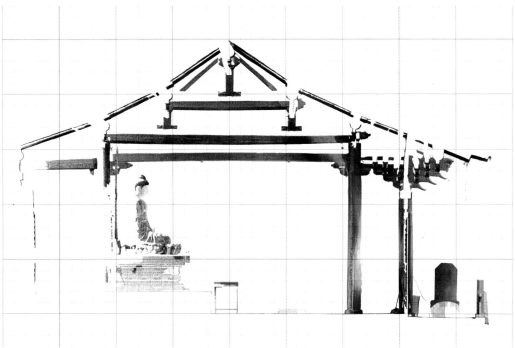

[左页图]
图 7-1-02
古交千佛寺总平面图
迟雅元绘

图 7-1-03
古交千佛寺大雄宝殿
正立面图
迟雅元绘

图 7-1-04
古交千佛寺大雄宝殿
明间横剖面图
迟雅元绘

等语，显然这是在一百年前那次重修的基础之上进行的整饬。

　　第三通是一块清康熙二十一年（1682）的重修碑，给出了北宋祥符二年（1009）始建的年代，还有匠人笔误成"元之二年"重修的记载 [2]。根据碑文我们可以基本判断千佛寺（大殿）大概率可以追溯到明弘治年间，后来的工程，已不算伤筋动骨。除大殿之外的其他殿宇则为清代或更晚的重修加建。

## 再品大殿木构

　　作为带有民间性质的佛寺，古交千佛寺自然比官式建筑多了几分自由灵活。这里的斗栱一口气用了七踩，已经可以算是山中小庙的恣意；平身科斗栱中第三昂溜金（图 7-1-05），一直上彻到室内的下金檩，也算是匠人算度有自、手法不俗（图 7-1-06）。更加令人惊叹的是，那位不知名的木匠所展现出来的他的另两大技法：

　　第一个大招是明间当心的花朵一样的斗栱——与距离此地不远的娄烦三教寺的斗栱相似，都抹斜了横栱，又密布了斜栱，是一副张开双手的姿态（图 7-1-07）。

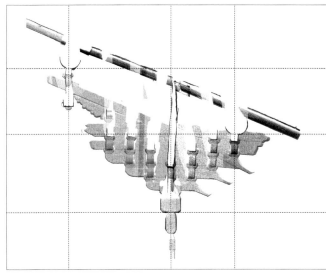

第二个大招则可以说是大胆了——他们不惜打破悬山和歇山转角处斗栱差异的藩篱，也要追求更奇巧瑰丽的效果。这里的做法，要分担屋角的受力一定不是出发点，匠人想要的就是在此把斗栱向外展开，并且逐层加多斜昂，让它在正面看起来更像歇山顶或庑殿顶的角科（图7-1-08）。

这并不是"科班"的做法，但从一处细节却也可见匠人们不亚于官方木匠的良好的设计素养——他们不怕麻烦地让斜昂尾部穿过正出昂，落在后一踩的瓜栱栱头上（图7-1-09）。这样一来，不仅能由拽架和瓜栱半栱长直接控制斜昂在平面投影上的角度，还极大地增强了斜昂的稳定感。

进入殿内观察，惊喜依然继续。虽然殿内昏暗的光线已经不允许我们读全脊檩下题记的原文，但是留下的遐想更有诱惑——文物部门的记录一定是全的吧，我们向他们求教吧；平身科中采用真下昂挑斡下金檩的设计以及昂下大华头子的样式都颇有古意。檩条和随檩方中间也不用垫板，反倒残留着使用襻间斗栱的古老的影子。再细察之，

图 7-1-07
古交千佛寺大雄宝殿
明间匾额后莲花斗栱
迟雅元摄

图 7-1-08
古交千佛寺大雄宝殿
边柱柱头科斗栱细部
迟雅元摄

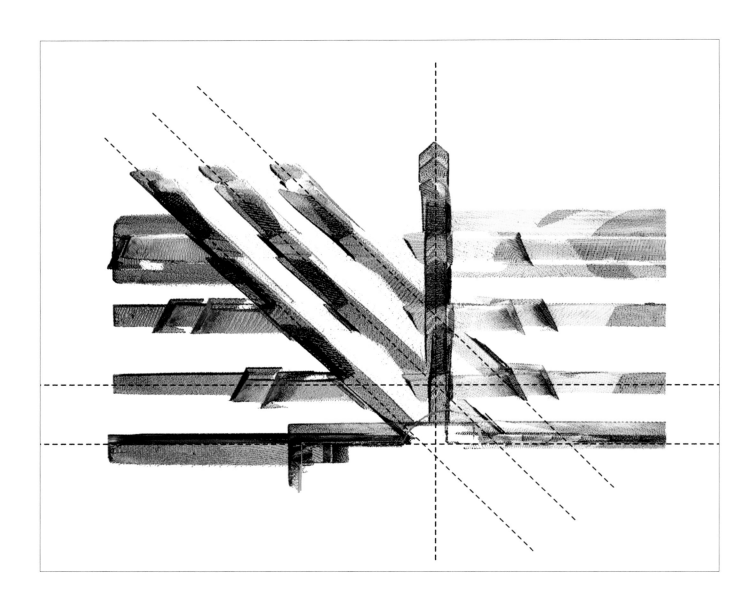

图 7-1-09
古交千佛寺大雄宝殿
边柱柱头科斗栱
仰视平面点云图
迟雅元绘

随檩方竟然不是方木，而是直接用了四分之一圆木。这里大木匠打着省工省料小算盘的形象一下子鲜活生动起来。

我们从心底升起了对这位老匠人的强烈好奇。

虽然我们的认识最多还停留在两句碑文上，也停留在脑海中勾勒的古交交通枢纽之历史地位的阶段，但是只有今天到了古交，才会真切地关注匠人的籍贯来源——清源的木匠、岚县的石匠、本村塑画匠……[3] 还有，记得吗，在明万历十四年（1586）石碑的落款中，还能找到"梗阳晋川姚登谨撰"字样——梗阳可是清源古城的别名。古交跟清源，就像娄烦跟徐沟、汾阳，是不是有些匠作的缘分呢？

# 2

# 四分直角
## 徐沟文庙大成殿

| 徐沟文庙大成殿 | | 清徐县 | |
|---|---|---|---|
| 指征建造年代 | 金大定二年（1162）<br>明嘉靖十二年（1533）<br>清康熙十一年（1672） | 指征建造行为 | 创建 / 大修 / 重建 |
| 现存碑刻数量 | 碑文 9/ 掩埋情况不详 | 现存题记数量 | 0/ 覆盖情况不详 |
| 等级规模 | 官方 | 指征匠作信息 | 无 |
| 特殊设计 | ◆ 悬山大殿<br>◆ 角柱柱头上仿角科斗栱 | 特殊构造 | ◆ 使用替木式短栱<br>◆ 角柱柱头科扇形斜栱 |

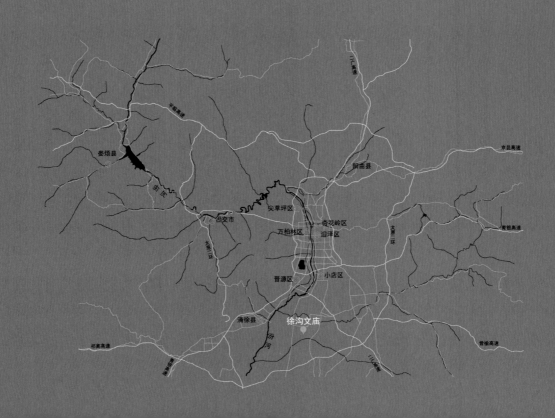

图 7-2-01
鸟瞰徐沟文庙
城隍庙
刘大浩摄

从空中鸟瞰城隍庙西边的徐沟文庙，坐北朝南的殿宇排列更加舒缓，院落更加宏敞，而占地面积要比城隍庙大，意味着在参拜者的心中文庙的地位更高（图7-2-01）。庙旁有塘，地多盐卤，于建筑延年不利。大殿的木结构也势必经历多次修缮，因此，若想解读大成殿建筑特点，需要做很多预备功课。

# 身世

据光绪版《徐沟县志》卷六记载："徐邑文庙创建于金大定壬午（金大定二年，1162 年），重修于康熙壬子（康熙十一年，1672）。"虽然我们可以推想，在这两个时间点之间的五百多年中，文庙必然被多次重修、增修、补建、移建、改建、修葺过，但是要想更好地判断现存大成殿反映了哪个时代的工匠的手法，还是需要仔细探究一番的。

目前学者已经公布了文庙碑记 9 通，虽然"如经理人、书丹人、撰额人、铁笔人及捐资人均不录"[4]，且现有碑刻不是埋藏地下就是不知去向，但从发表文字中仍然可以找到诸多营造线索，兹整理如下。

1. 参照《徐沟县营建总记》，明嘉靖十二年（1533）河北深泽人王怀礼上任徐沟知县之后，多有土木之工。在此期间文庙也有工程。[5]

2. 康熙《徐沟县志》的《徐沟县重修儒学碑记》是明代嘉靖年间所成，记述了自深泽王公重修之后，庚申年（嘉靖三十九年，1560）散官杜灿、耆民赵文魁等"始圣殿，既两庑、诸门，明伦堂，进德、修业二斋次第修举"的往事。虽然这次工程仅仅"越月而厥工告成焉"，绝非重建鼎新，但是可以大致推知，深泽王公的重修是划时代的工程。[6]

3. 清康熙十一年（1672），文庙得到了重建——这次兴工规模很大，"门移而前，殿移而后，或丈而五之，或丈而十之矣"，"庑加张于殿，祠加张于庑，或楹而十之，或楹而三之矣"，又将启贤祠从大殿之后移动到东边，殿后设明伦堂，两侧则是斋馆[7]。再后来对着启贤祠还创建了奎楼[8]。奎楼的创建虽然没有明确的年代信息，但是地方史料中所记载的奎楼的创建者赵良璧先生则是鼎鼎大名的。他是辽东开源（今辽宁开原）人,满族,荫生,康熙八年（1669）任徐沟知县,康熙十三年（1674）升任西安府司马。

4.《补修县学碑记》[9]的碑文说明,此次大型工程继续在康熙二十九年至三十年（1690—1691）得到完善。

5. 或许是由于地势低洼、盐卤过盛的缘故,20 年后的康熙已丑年（康熙四十八年,1709）,新任知县王嘉谟便又发起了一次修缮工程。[10]

6. 乾隆丁丑年（乾隆二十二年,1757）至次年,文庙又经历了门内小修、门外大修的工程。[11]

7. 道光二十八年（1848）到咸丰二年（1852）,因资金的陆续到位,文庙得以重修。《重修文庙碑记》中几乎记录全了庙中各建筑的称谓,并且提到了"大成殿后檐彩饰五间"。[12]

8. 或许正是碑文中"学宫踵修未久"所指,接续咸丰二年（1852）完成的工程,同治十一年到十二年（1872—1873）又"补修崇圣祠棂星门,建焚字炉一座",并"举修尊经阁"。这个就是清代史料中最后的修缮了。[13]

有了上述梳理,今天文庙的格局和大成殿的身世逐渐清晰起来。大成殿的原始结构至少可以追溯到明代嘉靖年间的王怀礼。然而若不是清康熙初年赵良璧的尽心竭力,就不会有今天大成殿前庭院宽敞的样子（图 7-2-02）。相比这次搬迁工程而言,后代修缮的规模相对较小。

图 7-2-02
徐沟文庙大成殿外景
刘畅摄

如果想知道搬迁工程到底对大成殿结构产生了多大的扰动，还是需要全面的精细测绘，这超出了我们这次踏勘的能力。

## 对照

具体说到建筑的样式和匠人手法，便需要联系第五章中提到的徐沟城隍庙大殿。二者之间相似之处颇多，细部手法如出一辙，但设计要点则大相径庭。

先说寻找参照对比的对象。文庙大成殿面阔五间，尽管有脚手架的遮挡，配合三维激光扫描技术，我们依然绘制出一张大成殿的立面简图（图7-2-03）。而隔壁的城隍庙大殿面阔也是五间，寝殿面阔仅三间（图7-2-04）。二者之中，城隍庙大殿的斗栱不知在何年的修缮中没了踪迹；立面尽管规模不同，寝殿的斗栱做法却与大成殿最为相近（图7-2-05，图7-2-06）。我们来罗列一些文庙大成殿和城隍庙寝殿之中

图7-2-03
徐沟文庙大成殿
正立面点云图
赵寿堂绘

图 7-2-04
徐沟城隍庙寝殿
正立面点云图
赵寿堂绘

图 7-2-05
徐沟文庙大成殿与徐沟城隍
庙寝殿斗栱对比图（一）
刘天浩摄

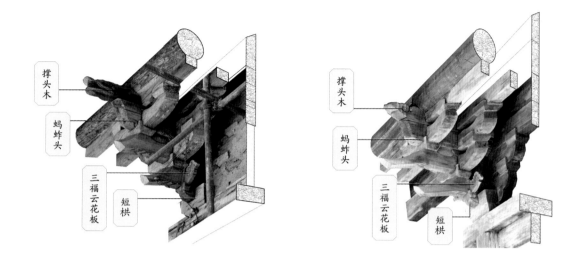

图 7-2-06
徐沟文庙大成殿与徐沟城隍
庙寝殿斗栱对比图（二）
刘天浩摄

相似的斗栱细部手法，为再下一步讨论做好铺垫：

1. 二者皆为重昂五踩斗栱，头昂和坐斗之间用替木式短栱。

2. 二者替木式短栱跳头置小斗，斗口插三福云花板。

3. 外跳横栱抹斜。

4. 二者蚂蚱头之上撑头木出头，刻麻叶云，平身科上刻龙头。

至此，再对比两座建筑斗栱设计的差异之所在：

1. 大成殿梢间增加了一攒附角斗科，并与角柱上柱头科连栱交隐（图
7-2-07）。

2. 大成殿角柱上柱头科——或者还是称为角科恰当，沿着 45°伸出
角昂二重、角耍头和龙头形的角撑头木（图 7-2-08）。

3. 更加绝妙的是，在大成殿角科第二跳的高度上，在角昂和正身昂之
间，匠人别出心裁地插入了一件斜昂，当然还有昂上方的耍头和麻叶云——
这一组构件在平面上投影的理论值居然应当是 22.5°！

不妨回想一下古交千佛寺正面转角处的柱头科，那是一套沿着
45°平行设置的斜昂，出昂虽多但不逾基本的规矩。但是到了大成殿，
这个匠人仿佛存心要更加顽皮一下。那么如果做七踩或九踩斗栱，他
会怎么办呢？——答案马上揭晓。

图 7-2-07
文庙大成殿梢间斗栱
刘天浩摄

图 7-2-08
文庙大成殿转角处
柱头科斗栱
刘天浩摄

# 汾州的巧思
## 观音寺大殿

| 观音寺大殿 | | 娄烦县 |
|---|---|---|
| **指征建造年代** | 明嘉靖七年（1528）<br>明嘉靖四十五年（1566） | **指征建造行为** 创建／重修 |
| **现存碑刻数量** | 5/ 掩埋情况不详 | **现存题记数量** 未知 |
| **等级规模** | 民间 | **指征匠作信息** 12人 |
| **特殊设计** | ◆ 原戏台与龙王殿东西相<br>对于大殿两侧（现不存）<br>◆ 规制随意，斗栱九踩四<br>昂 | **特殊构造** ◆ 正心三重栱<br>◆ 悬山边柱柱头科扇面斜栱<br>◆ 穿插枋出头作龙头形 |

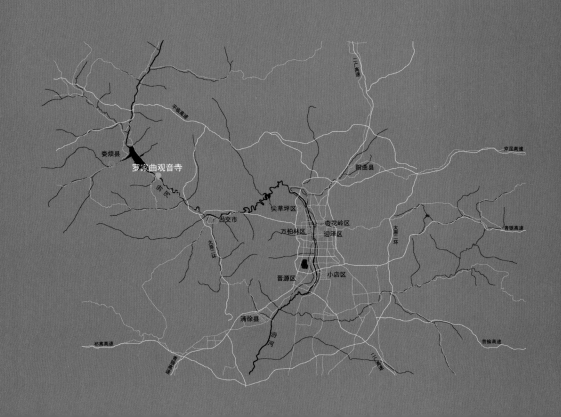

罗家曲村，从太原行至娄烦的必经之地，自然会留下些不寻常的建筑。事实上，奔波娄烦最大的发现，正是这座藏在村中的观音寺。

## 常恭好和他的朋友们

与罗家曲观音寺的第一次相遇，是在翻看《三晋石刻大全·娄烦卷》时偶然读到的一通明嘉靖四十五年（1566）《重修观音寺碑记》[14]。其中所述佛陀受劫、合村修庙之事倒也寻常，文末的落款却十分耐人寻味：

阳曲大川卧如寺僧人正旺撰文　汾州木匠常恭好　　□□□□□□□□□先

嘉靖七年惠公和尚命请阴阳观看佛境之地，普化十方，启盖殿于（宇），至今重建。砂脚底道场住持正宁真子。

重修正殿纠首功德主　信士冯印　男冯仁杰　冯仁豪　冯仁强　冯仁胜

亲眷法明信士折云成　男折昂

清源县铁匠贾从　男贾彦通　贾彦达　贾彦□　贾彦利

信士路朝　男路志悬

修造僧法兴　门徒能□

清源县泥水匠王宾　男王伴定

大明嘉靖四十五年十一月初四日重修殿宇立石碑记谨志

阴阳人任党

阳曲大川木匠田相

本县十（石）匠张世□　男张刁

一般说来，营造类碑文落款时大多以撰文镌字、纠首、信士功德主为先，匠人们按工种随其后。但在此碑中，一个叫常恭好的汾州木匠出现在了落款的第二位，而他的同事田相则排在最后。

地图上，汾州在娄烦之南，二者之间路途艰难，中间是一道道沟岭形成的"虎狼蹊径"。汾州的木匠何以要翻山越岭跋涉至娄烦做工呢？家乡的木匠或许已经饱和，家乡的庙堂或许刚刚修葺一新，恰恰出现远方工程的召唤？还是听说静乐刚刚去了一批垦荒人？还是漫无目标出行觅活，经翻山越岭之后，终觅得罗家曲，便住下了？

总之，是一种奇妙的缘分，让汾州木匠、阳曲大川木匠、清源铁匠、清源泥水匠和本县石匠从远近周边汇聚于娄烦的罗家曲村，常恭好和他的朋友们"共举大事"，合力完成了观音寺的设计建造。

而至于为什么只有他列于落款最前，五百年后的我们只能做些不着边际的猜想：有朋自远方来，不亦乐乎？

每每想到常恭好可能在观音寺的大木设计中承担了比较主要的工作，便有了找到匿名的米开朗基罗的感觉，内心激动不已，总盘算着去现场看看这座带有"汾州血统"的罗家曲观音寺。

## 溯洄从之

驱车从太原市西玉泉山口上太古高速，很快便进入两段长长的西山隧道。也不知横穿了多少个山头，再次向窗外看时，竟已到古交了。放在五百年前，若要从会城前往交城县辖区的古交巡检司，须先南下至晋源，由风峪口西入群山，向南绕行，复向北沿大川河抵达古交——盖今日之太古路，通志所载"风峪山达交城，古孔道今小径"是也[15]。从古交到娄烦，一路溯汾河而上，路两侧尽是宁静的乡村，偶尔经过几辆卡车维持着与外界的经济联络。汾河水库是此行必经之地，虽尚在初春，其景致之优美秀丽亦令人流连。导航只能把我们带到罗家曲村口，观音寺尚"查无此地"。

幸而我们刚进村便遇到了好心人，讲明来历情由后，便有了导引和陪同。攀谈之下，方知带路者乃村支书，让人心中不胜感激。推开观音寺院门的刹那，一行人不约而同地发出惊呼，眼前的大殿浑身上下都散发着古朴与别致，与在太原所见者迥异 (图 7-3-01)！

图 7-3-01
娄烦罗家曲观音寺
大殿立面点云图
迟雅元绘

村支书介绍说，此寺仅存大雄宝殿一座及东西耳殿各三间，原西配殿为龙王庙三间，与之相对者，原东配殿作戏台；院南本为三间观音殿，如今仅剩台基（图 7-3-02）。这真是个有趣的布局。相对于大殿，戏台未居前却居左，非礼佛而实为向龙王祈雨之用。虽名为观音寺，然聚各路神仙于此一院，罗家曲村的先祖们是多么淳朴务实，往日的观音寺又该是多么热闹呢！

图 7-3-02
娄烦罗家曲观音寺总平面图
迟雅元绘

## 匠人的意趣

　　细看这大殿，三开间，悬山顶，带前廊，殿前有石碑两通。很快，笔者的目光不自觉地被斗栱所吸引：明间当心一攒莲花斗栱（图7-3-03），次间设双补间斗栱，疏密得宜；每攒四昂，九踩，斗栱与柱高的比值远超同期其他建筑，赋予立面一种挺拔俊秀之感（图7-3-04）。果然是山高皇帝远，一座村里寺庙的斗栱竟可用九踩之规制，匠人可谓无拘无束了。

　　总体说来，这种无拘无束几乎贯彻到斗栱的所有细节，即使那些常见手法，看上去也那么不同凡响。观音殿的下昂，昂嘴无拔腮，截面厚高，昂嘴刷齐，似仪仗队饱满有力的正步踢腿（图7-3-05）。昂下俱隐刻三瓣华头子，如装饰音般丰富了昂底的直线条（图7-3-06）。与昂相交的横栱，一二跳为重栱造，第三跳为单栱加素枋，第四跳厢栱与瓜栱等长，上托替木和挑檐檩，不用齐心斗而将撑头木与蚂蚱头一木连做雕成龙头形。

図7-3-03
娄烦罗家曲观音寺大殿
明间莲花斗栱
迟雅元摄

図7-3-04
娄烦罗家曲观音寺大殿
边柱斗栱
迟雅元摄

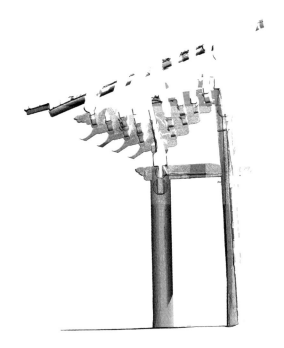

图 7-3-05
娄烦罗家曲观音寺大殿
明间柱头科斗栱侧视点云图
迟雅元绘

图 7-3-06
娄烦罗家曲观音寺大殿
斗栱细部
迟雅元摄

仰视观之，跳头四道短栱自成重叠之韵律，抹斜轻微，卷杀和缓，更添清瘦之风骨。斗栱通体彩绘，朱白之色依稀可辨，似直接附着于木材之上，各处花纹不一，充满野趣。不知是为了给画匠争取更大的栱眼壁，还是常恭好受到汾州地区"替木式短栱"的启发，正心位置的三重栱亦不落窠臼（图 7-3-07）。

最精彩的斗栱当属转角，准确来说，是边柱的柱头科，因悬山顶实无角科之谓——但常恭好们或许不这样想，他们独运匠心，在角柱坐斗之上正出和斜出的昂之间，逐跳插入一根中间角度的斜昂，形成了扇面状向外打开的复杂构造，给人以斗栱由此转向山面的错觉。不仅如此，匠人们在里跳相对侧也如法炮制一番，执着地实现其对于"转角"的认知和追求。

那么，他们如何计算这些斜昂的角度呢？这些斜昂是互相平行的吗？

借助三维激光扫描的斗栱点云图（图 7-3-08），我们测量了东西两侧角柱上扇面斜栱的角度，发现了最外一跳并非常规转角斜出的 45°。中间逐跳插入的斜昂角度零散分布于 20° 至 30° 区间，且东西两侧的斜

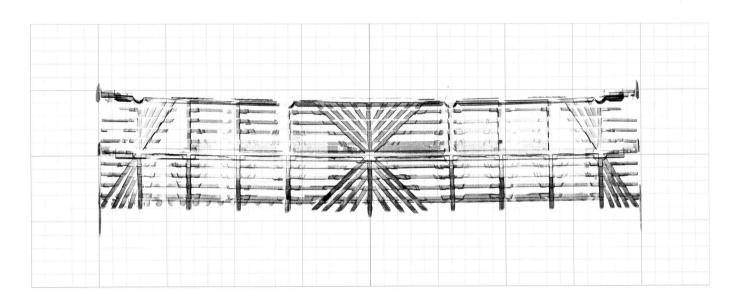

图 7-3-08
娄烦罗家曲观音寺大殿
前檐斗栱仰视平面点云图
迟雅元绘

出角度并不对称，看起来不像是通过夹角控制的。我们继续测量了每根横栱上与斜昂交接处的卯口距离，发现这些卯口同侧间距大都浮动在 5 寸上下。也或许，匠人们直接在地上把横栱和斜昂摆了摆，约摸着斜昂均匀分布互不"相犯"，即弹墨线，切卯口，因而造成了东西两侧斜栱不完全对称的现状。

整体来看，观音殿木匠的斗栱设计手法比起娄烦三教寺的莲花斗栱，因增加出跳和叠累层次而更加舒展（图 7-3-09）；比起古交千佛寺转角处柱头科，则因其角度渐变而更加高耸且收敛（图 7-3-10）；比起徐沟文庙角上带替木式短栱的柱头科，这里逐步展开的扇面完美注释了如果徐沟的木匠来做七踩或者九踩斗栱的手段。

必须再提一提大殿上的一件"鲁班锁"。前檐穿插枋在廊柱外出头，向外作龙头形，口中"衔"一小斗与一翼形栱（图 7-3-11）。这难道不是在汾州地区俯拾即是的"替木式短栱"吗？不妨设想一下此处的构造——不是常规的构造叠累，反而需要卡、扣、穿插。匠人将这一构造巧妙运用于此，其龙头形象既与龙形耍头相呼应，又在柱额这

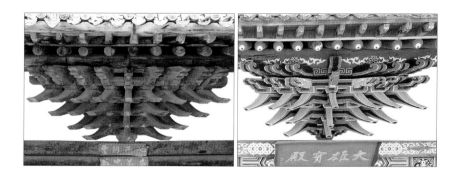

图 7-3-09
娄烦罗家曲观音寺大殿
与娄烦三教寺大雄宝殿
明间莲花斗栱对比图
迟雅元绘

图 7-3-10
娄烦罗家曲观音寺大殿
与古交千佛寺大雄宝殿
边柱柱头科对比图
迟雅元绘

图 7-3-11
娄烦罗家曲观音寺大殿
前檐穿枋出头细部
迟雅元摄

些大构件之间寻得一番细小的意趣，更似向后人倾诉着整座建筑的"汾州缘"。

真心感动于这些匠人灵动放松的境界。那种无拘于范式的率性挥洒，于精心经营处偶作松弛之笔，是罗家曲观音寺大殿给我们最大的惊喜。

期待来日有机会进入殿内考察。

**注释**

1.《现存石刻·明·重修千佛寺序并诗》，刘泽民、李玉明主编，李文清分册主编《三晋石刻大全·太原市古交市卷·上编》，三晋出版社，2012，第 23 页。

2. "古交之千佛寺，创建于祥符贰年，重修于元之贰年，元明之交屡被兵焚而又修举焉。明季崇祯玖年，止□正殿，而两廊、钟楼、天王、伽蓝诸殿具已兵焚，垣墙倾圯，圣像凋残，间有一二仅存者……□顺治捌年，邢元发心修举，止完天王殿并乐楼二处。沿至康熙拾捌年，本寺僧人照祥并村纠首，同心协力，各处募化，而两廊伽蓝诸殿不出三四年而圣像焕然一新。"引自：刘泽民、李玉明 主编，李文清分册主编《三晋石刻大全·太原市古交市卷·上编》，《现存石刻·清·重修千佛寺碑记序》，三晋出版社，2012，第 34 页。

3. 刘泽民、李玉明 主编，李文清 分册主编：《三晋石刻大全·太原市古交市卷·上编》，《现存石刻·清·重修千佛寺碑记序》，三晋出版社，2012，第 34 页。

4. 杨拴保主编《清徐碑碣选录》，第 4 页。

5. ［明］董龠：《徐沟县营建总记》，载杨拴保主编《清徐碑碣选录》，第 197—199 页。

6. ［明］胡天爵：《徐沟县重修儒学碑记》，载杨拴保主编《清徐碑碣选录》，第 180—182 页。

7. ［清］赵良璧：《重建县学碑记》，载杨拴保主编《清徐碑碣选录》，第 183—186 页。

8. ［清］阎毓伟：《邑侯赵公讳良璧创建雪宫奎楼碑记》，载杨拴保主编《清徐碑碣选录》，第 182—183 页。

9. ［清］李培素：《补修县学记》，载杨拴保主编《清徐碑碣选录》，第 186—188 页。

10. ［清］郝圻：《重修雪宫碑记》，载杨拴保主编《清徐碑碣选录》，第 188—189 页。

11. ［清］傅克钦：《重修儒学碑记》，载杨拴保主编《清徐碑碣选录》，第 190—191 页。

12. ［清］佚名：《重修文庙碑记》，载杨拴保主编《清徐碑碣选录》，第 195—197 页。

13.《现存石刻·元·明重修观音寺碑记》，李玉明主编、梁俊杰分册主编《三晋石刻大全·太原市娄烦县卷·上编》，三晋出版社，2016，第 57 页。

14. ［清］苏始大：《重修尊经阁叙》，载杨拴保主编《清徐碑碣选录》，第 194—195 页。

15. 国家图书馆藏《山西通志·卷六·疆域·太原县》，清雍正十二年刊行版，善本书号 A04466。

初览拾遗

　　屈指计算，自己从北京到太原或自驾或乘火车，往返定然远超百次。扪心而论，写太原古建筑，绝对无法称得上通览，最多只能叫做初览。不论选择哪种分类述说的方法，初览一圈，遗漏总是大于收成。所以在最后这章中的拾遗归根结底只是对于自己的安慰。回到我们的初衷，真正的通览必然需要大数据，需要众人拾柴的文字积累、影像积累、测量积累，需要人脑带上"外脑"，在保持想象力的前提下训练机器学习，编制起一张——不，是一叠——古代匠作流布的地图，让每个人都能在这个信息的海洋里自己连缀起自己的建筑史（图8-0-01）。

图 8-0-01
晋中晋南地区宋金下昂造斗栱
设计技术时空流布示意图
赵寿堂绘

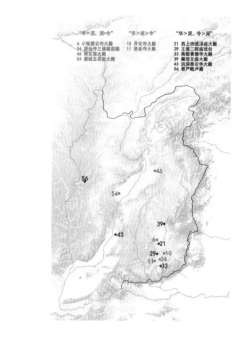

"华=泥"案例的地域和时代流布

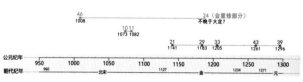

"华≠泥且华≠令"案例的地域和时代流布

"华=令"案例的地域与时代流布

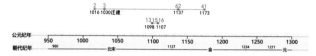

"华=泥=令"案例的地域与时代流布

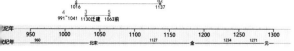

扶壁单拱+隐刻慢拱，不用（用）承橑方，连拱交隐"案例的地域和时代流布

"扶壁单拱+隐刻慢拱，不用承橑方（樽），非连隐" 案例的地域和时代流布

# 市中心

经常下榻市中心的宾馆，便不难找到"偷得浮生半日闲"的机会。三组建筑距离很近，在地图上点对点连接起来也不过是个周长约 2.2 千米的三角形，半天功夫足以走马观花般游览一圈。未将它们编织进前几章的匠作线索里并不是说它们与那些线索全然无缘，着实是观花的深度还欠着火候。不妨将三者单独捡拾起来对比着看，说不定还别有一番趣味。

## 科举的遗产

唱经楼既不是供奉神明的楼阁，也不是娱神的舞楼和戏台，而是古代科举文化的遗产。据说，古时在乡试发榜前，书吏会在这里高唱"五经魁首"的姓名。太原唱经楼之所以珍贵，便在于此类建筑存世稀少（图 8-1-01）。

近年重修之后的油饰和彩画遮住了曾经的沧桑，只能寻求老照片来鉴别修补与改易（图 8-1-02）。新旧对照，不免庆幸，建筑群的基本格局未变，单体建筑的形制亦扰动不大（图 8-1-03）。

此时再细品唱经楼的设计便觉得安心了些（图 8-1-04）。沿街而立的独特布局是面向公众宣唱的需要。于建筑自身，多样的屋面组合设计——上下重檐、十字屋脊、卷棚抱厦，则需要相应的大木架构来支撑。斗栱尚有些端庄的气度，头翘上斜置的花板还会让我们想起了永祚寺的无梁殿和太山寺的乐楼（图 8-1-05）。

图 8-1-01
唱经楼外景
赵寿堂摄

图 8-1-02
唱经楼老照片
来自网络

图 8-1-03
唱经楼俯瞰
迟雅元摄

图 8-1-04
唱经楼沿街立面图
赵寿堂、迟雅元绘

图 8-1-05
唱经楼细部
迟雅元摄

## 清真古寺的楼和亭

　　见惯了儒、释、道三教建筑的人们会对清真寺的建筑和空间有种
别样的新鲜感——居于庭院中央的省心楼、进深极大的勾连搭大殿、
层层递进的殿内空间、精致繁缛的伊斯兰装饰，还有它们共同营造的
异域气氛。关于这里还没有足够的调研深度保证我们做逐一解说，只
想说说省心楼和小碑亭（图8-1-06）。

图 8-1-06
太原清真古寺总平面图
孙德鸿摄

图 8-1-07
太原大清真寺省心楼
外观
赵寿堂摄

图 8-1-08
太原大清真寺省心楼上檐与
崇善寺大悲阁下檐斗栱
赵寿堂、迟雅元摄

［右图］
图 8-1-09
太原大清真寺小碑
亭外景
李大卫摄

图 8-1-10
太原大清真寺碑亭与
府文庙井亭的斗栱
赵寿堂摄

省心楼底层每角四根柱子，最里的柱子与上层檐柱对位。此楼与唱经楼的架构类似，而在开间和屋面形式上有所差别（图 8-1-07）。除此之外，省心楼的斗栱更有端庄的官式之风（图 8-1-08）。

省心楼两翼的小碑亭看着并不起眼，细品起来却很不一般（图 8-1-09）。不一般在哪呢？首先是正六边形的平面形式，角度的约束离不开相应的尺寸算计。再有，需要在此呼应一下前文太原府文庙前原本崇善寺的两座六角井亭——或者可以称之为"表兄弟"，二者竟有诸多惊人的相似之处。待到崇善寺井亭拆去当代的吊顶露出内部结构的时候，或许其间还能揭示出更多木匠相近的算法与手法（图 8-1-10）。

顺便提一句，清真寺营造历史的碑记不只保存在清真寺，历史机缘还将清光绪二年（1876）的《清真寺重修碑记》搬到了永祚寺。这种散佚状态带来了研究的难度，也增加了追踪的趣味。

## 府城最大的关帝庙

太原大关帝庙端坐在庙前街的北端，据说曾是太原府城众多关帝庙中最大的一个，故名。今天关帝庙的主体建筑群占地依然不小，南北将近 90 米，东西约 40 米（图 8-1-11）。

居于中轴线中部的崇宁殿将建筑群划分成前后两个院落。前院宏敞后院紧凑的布局似乎呼应着建筑功能和空间性质上的公共与私密（图 8-1-12）。

就建筑而言，山门和崇宁殿前出抱厦的形制最为鲜明。但外檐不用斗栱的做法使得崇明殿的大木作寡淡了一些，沥粉贴金的彩画和精雕细刻的花替或许正是补救的佐料吧（图 8-1-13）。

图 8-1-11
太原大关帝庙俯瞰图
孙德鸿摄

图 8-1-12
太原大关帝庙前院
赵寿堂摄

图 8-1-13
太原大关帝庙崇宁殿近景
赵寿堂摄

# 周边

太原市中心以外周边的考察点太多，西山每每都是首选。可是一有机会总是安排娄烦、古交、清徐专线，却顾不上眼皮下的其他地方。于是，虽然曾经拜访阳曲的三藏寺、净居寺、宝岩院，也挤在游人中走过新晋阳城的关帝庙、太山祠，到过南十方院，但是留下的影像资料和笔记却太过简略，无法胜任通览的工作。只好在此整理旧档，或者其中的只言片语能够启发日后的思考。

图 8-2-01
阳曲宝岩院鸟瞰图
刘天浩摄

## 宝岩院明泰大师塔

图 8-2-02
阳曲宝岩院明泰大师塔鸟瞰图
刘天浩摄

明泰大师塔所在的寺庙叫宝岩院，目前仍然能够看出两进院子的格局。院中和殿内还能看到一些古碑，只是多数殿宇亟待修缮，有的仅留下残垣和残架来勾画古寺的轮廓（图 8-2-01）。

砖石比土木更耐时光侵蚀，亦或空心殿宇比实心砖塔更具重复使用价值，就在构造细节非常"地方清式"的寺院东北方向上，历史为我们留下了这样一座保存尚好的墓塔（图 8-2-02）。

墓塔为五层实心砖塔，八边形平面，通高约 8 米，塔基已不存在，收分明显的塔身稳健而挺拔。塔身每层于转角处隐刻柱头，其间施阑额，柱头上置斗栱，斗栱之上叠涩出檐，檐上再砌平座，如此层层叠加。可惜塔刹被毁了。

除此之外，墓塔一层用五铺作斗栱，其余各层用四铺作（图8-2-03）；二层塔身正中嵌有塔碣一方，上镌"赐锦衣讲经律论宗主，通理大师明泰寿塔，至元三十一年仲秋廿旬日记"，道出墓塔的创建年代及其主人身份；三层塔身正中辟有壁龛，它成为全塔的视觉中心（图8-2-04）。

在明泰大师塔建成50多年后，其东北方向约40千米的史家庄正在建造帖木儿塔。除了层数不同，两处砖塔在形制和细部造型上都十分相似。如此邻近的时空跨度足以让我们猜想同一匠作流派的运动轨迹。至少可以说，后辈匠人曾谦虚地向他们的前辈学习过。

图 8-2-03
阳曲宝岩院明泰
大师塔远景
刘天浩摄

图 8-2-04
阳曲宝岩院明泰
大师塔塔铭
《山西古建地图
（下）》第 424 页

## 太原古县城关帝庙

　　新近复原的大体完整的太原古县城游人如织。逛街的之外，关帝庙和文庙中游人的身影一样多——尽管我们根本无法判断今天关帝庙的建筑中哪一座还留有古老的骨架。明嘉靖（1522—1566）《太原县志》提到了此庙。庙中正殿之前的"大明隆庆六年（1572）三月十五日起工重修"碑记中有"关王庙，在县北街西"的记载。由此可知庙宇出身古远，至少相当于欧洲文艺复兴时期的建筑。

　　从现状看，中轴线上从东向西最前面有照壁，对着的是门楼与戏台的联体建筑，南北两面建有钟鼓楼，楼之下各设偏门，然后是献亭与正殿的组合，再西则有春秋楼，最后是高耸的三代阁（图 8-2-05）。

图 8-2-05
太原古县城
关帝庙总平面图
刘天浩摄

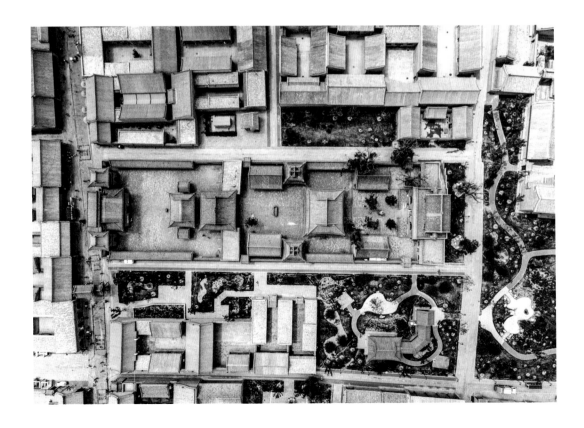

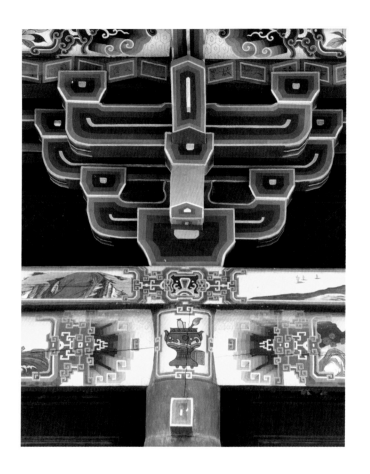

图 8-2-06
太原古县城
关帝庙正殿前檐斗栱
刘畅摄

对于想探究关帝庙营建史，想考察不同时代建筑做法的人来说，至为困扰的是，修复之后，原本的一切细节及痕迹已经被厚厚的脂粉遮盖，或者已经被修缮者善意地统一了风格，要给予有意义的评价非洗尽铅华不可。比如正殿前的斗栱，并无过多装饰，是一幅官气十足的样子；而生硬的、缩手缩脚的厢栱栱瓣和坐斗微妙的斗颤之间却总显得不搭（图 8-2-06），很想知道哪些是修前的原样，哪些是更古老的原样。这是一个恒久的论题，那就是今天的我们在修缮过程中，该怎么呈现复杂的历史才更妥帖呢？

# 太山寺

　　太原古县城东北有一座太山寺。院内的建筑保护工作还没有完成，住在寺内的僧人已经在此生活了快 20 年（图 8-2-07，图 8-2-08）。

图 8-2-07
太原古县城
太山寺总平面图
刘天浩摄

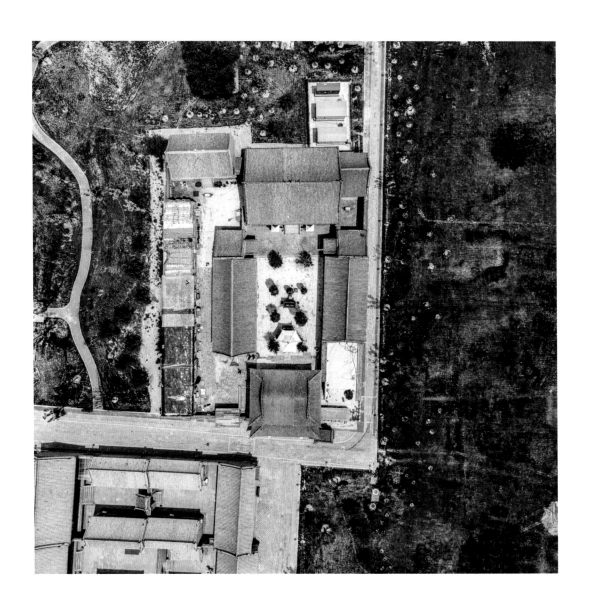

图 8-2-08
太原古县城太山寺鸟瞰
刘天浩摄

图 8-2-09
太原古县城太山寺
大门 2003 年旧照
刘天浩翻拍

　　得知我们专为探究老屋而来，住持师傅热情地把我们迎到院内，并且拿出了 2003 年太山寺旧照给我们看。拿着手中的老照片按图索骥，可以看出现存建筑留下了很多历史信息，更有一些需要连缀周边地区的做法需在未来展开讨论。

　　简要梳理一遍，这些启发可以归纳如下。

　　1. 2003 年修缮之前，门楼外的披檐已经荡然无存（图 8-2-09）；2021 年夏季，门楼外立面得到复原，期待找到复原的依据，考察复原思路（图 8-2-10）。

　　2. 和 2003 年的老照片对比（图 8-2-11），戏台并未经历明显改动（图 8-2-12）。戏台结构依然完整（图 8-2-13），只是不停地会有一些装饰构件松动、脱落。僧人舍不得将它们随着尘埃一同扫去，便一件件摆放在角落里，期待或许哪天能够重新将它们复位（图 8-2-14）。毕竟，很多构件之上，还残留着过去的色彩和过去的墨迹（图 8-2-15，图 8-2-16）。

图 8-2-10
太原古县城
太山寺大门现状
刘天浩摄

图 8-2-11
太原古县城太山寺
戏台 2003 年旧照
刘天浩翻拍

图 8-2-12
太原古县城太山寺戏台
刘天浩摄

[上图]
图 8-2-13
太原古县城太山寺戏台
屋架
刘天浩摄

[左下图]
图 8-2-14
太原古县城太山寺戏台
散落构件
刘天浩摄

[右下图]
图 8-2-15
太原古县城太山寺戏台
散落构件表面色彩
刘天浩摄

[左上图]
图 8-2-16
太原古县城太山寺戏台散落构件表面墨迹
刘天浩摄

[右上图]
图 8-2-17
太原古县城太山寺戏台散落小斗的倾斜开口
刘天浩摄

[下图]
图 8-2-18
太原古县城太山寺大殿外景
刘天浩摄

在散落构件中，原本安装卷草花板的小斗是值得玩味的。小斗开口倾斜，因此花板安装完毕之后也会向外倾斜，正好迎接观瞻者的视线（图8-2-17）。这种设计至少可以追溯到永祚寺无梁殿，那可是明万历年间妙峰和尚的青砖仿木作品。若是追踪它所参考的木构原型，不知还要往前推上多少年。

3. 大殿是一座朴素的悬山顶三开间建筑（图8-2-18），斗栱用了重昂五踩。柱头科和平身科用材有了明显区别。斗下不䤵，横栱也不抹斜，栱瓣弹性十足毫不生硬，只在厢栱位置把栱换成了三福云，另把撑头木出头做成麻叶云。总体来说，它算是相当官式的一类（图8-2-19，图8-2-20）。

图 8-2-19
太原古县城太山寺大殿
斗栱侧面
刘天浩摄

图 8-2-20
太原古县城太山寺大殿
斗栱正面
刘天浩摄

# 参考文献

## 史料

[1] 明 李维桢修.（万历）山西通志.

[2] 清 觉罗石麟修.（雍正）山西通志.明 高汝行纂辑.王朝立校正.（嘉靖）太原县志.

[3] 清 曾国荃 张煦修.王轩 杨笃等纂（光绪）山西通志.

[4] 明 关廷访纂修.（万历）太原府志.

[5] 清 费淳 沈树声纂修.（乾隆）太原府志.

[6] 清 戴梦熊修.（康熙）阳曲县志.

[7] 清 李培谦等纂.（道光）阳曲县志.

[8] 明 高汝行纂辑.王朝立校正.（嘉靖）太原县志.

[9] 清 龚新,沈继贤修（雍正）重修太原县志.

[10] 清 员佩兰纂辑.（道光）太原县志.

[11] 清 薛元钊修.王效尊纂.（光绪）太原县志.

[12] 清 王灏儒纂修.（顺治）清源县志.

[13] 清 王勋祥修.王效尊纂.（光绪）清源乡志.

[14] 清 王嘉谟修.（康熙）徐沟县志.

[15] 清 王勋祥修.秦宪纂.（光绪）补修徐沟县志.

[16] 清 刘大鹏.晋祠志.

[17] 赵尔巽等撰.清史稿.北京：中华书局，1977(第1版).

[18] 马蓉，陈抗，钟文，栾贵明，张忱石点校.永乐大典方志辑佚.北京：中华书局，2004(第1版).

[19] 管子.北京：中华书局，2016.

[20] 晋 郭缘生.述征记.

[21] 宋 李诫.营造法式.

[22] 宋 吴自牧.梦粱录.西安：三秦出版社，2004.

[23] 宋 李焘.续资治通鉴长编.北京：北京图书馆出版社，2006.

[24] 宋 陈均.九朝编年备要.

[25] 宋 岳珂.愧郯录.北京：中华书局，2016.

[26] 明 计成.园冶.北京：中国建筑工业出版社，2018.

[27] 明 徐霞客.徐霞客游记.北京：中华书局，2016.

[28] 明 朱国桢.涌幢小品.上海：上海古籍出版社，2012.

[29] 清 胡聘之.山右石刻丛编.台北：成文出版社有限公司，2018.

[30] 清 徐松.宋会要辑稿.上海：上海古籍出版社，2014.

# 论著

[1] 梁思成.梁思成全集·第七卷.北京：中国建筑工业出版社,2001.

[2] 杨永生.哲匠录.北京：中国建筑工业出版社,2005.

[3] 常盘大定,关野贞.支那文化史迹.东京：法藏馆,1939—1941.

[4] 谭其骧.中国历史地图集.北京：中国地图出版社,1996.

[5] 李玉明.山西古建筑通览.太原：山西人民出版社,2001.

[6] 国家文物局主编.中国文物地图集·山西分册.北京：中国地图出版社,2006.

[7] 王金平,李会智,徐强.山西古建筑（上、下）.北京：中国建筑工业出版社,2015.

[8] 赵寿堂,李妹琳,刘畅.山西古建筑地图（下）.北京：清华大学出版社,2021.

[9] 张兵,兰艳凤,石磊.山西古建筑档案.太原：三晋出版社,2021.

[10] 刘畅.雕虫故事.北京:清华大学出版社,2014.

[11] 刘泽民,李玉明 主编.三晋石刻大全（太原市诸卷）.太原：三晋出版社,2012—2020.

[12] 太原晋祠博物馆 编著.晋祠碑碣.太原:山西人民出版社,2001.

[13] 张正明,科大卫,王勇红 主编.明清山西碑刻资料选(第1辑).太原：山西人民出版社,2005.

[14] 张正明,科大卫,王勇红 主编.明清山西碑刻资料选（续1）.太原：山西古籍出版社,2007.

[15] 张正明,科大卫,王勇红 主编.明清山西碑刻资料选（续2）.太原：山西经济出版社,2009.

[16] 李中,郭会生 编.清徐碑碣选录.太原：北岳文艺出版社,2011.

[17] 曾毅公.石刻考工录.北京：书目文献出版社,1987.

[18] 阚铎.金石考工录.北京：中国书店,1993.

[19] 程章灿.石刻刻工研究.上海：上海古籍出版社,2008.

[20] 向南,张国庆,李宇峰 辑注.辽代石刻文续编.沈阳：辽宁人民出版社,2010.

[21] 山西河湖编纂委员会.山西河湖.北京：中国水利水电出版社,2013.

[22] 傅宗文.宋代草市镇研究.福州：福建人民出版社,1989.

[23] 乔迅翔.宋代官式建筑营造及其技术.上海：同济大学出版社,2012.

[24] 安介生.山西移民史.太原：山西人民出版社,1999.

[25] 徐东升.宋代手工业组织研究.北京：人民出版社,2012.

[26] 王建华.山西灾害史（上、下）.太原：三晋出版社,2014.

[27] 太原市崛围山文物保管所 编.太原崛围山多福寺.北京：文物出版社,2006.

[28] 姚富生 主编.古太原县城.太原：山西人民出版社,2006.

[29] 车文明. 中国古代剧场史. 北京：商务印书馆,2021.

[30] 周小棣. 山光凝翠 川容如画：太原西山地区的历史营建与遗存 [M]. 南京：东南大学出版社,2013.

## 论文

[1] 刘汉忠.《石刻考工录》续补 [J]. 文献,1991(03).

[2] 单士元. 明代营造史料. 中国营造学社汇刊 [J]. 第四卷一期,1933 年 3 月。

[3] 高寿田. 晋祠圣母殿宋、元题记 [J]. 文物,1965(12):59—60.

[4] 祁英涛. 晋祠圣母殿研究 [J]. 文物季刊,1992(01):50—68.

[5] 任毅敏. 晋祠圣母殿现状及其变形原因 [J]. 文物季刊,1994(01):68—71.

[6] 常文林. 浅论晋祠圣母殿的建筑结构 [J]. 城市研究,1994(02):62—64.

[7] 李裕民. 晋祠铭碑宋人题刻考 [J]. 城市研究,1995(02):54—57.

[8] 彭海. 晋祠圣母殿勘测收获——圣母殿创建年代析 [J]. 文物,1996(01):66—80.

[9] 晋祠献殿 [J]. 文物世界,1996(01):46.

[10] 梅晨曦. 晋祠之神：地方建筑初议 [A]. 中国建筑学会建筑史学分会、清华大学建筑历史与文物建筑保护研究所. 营造第一辑（第一届中国建筑史学国际研讨会论文选辑）[C]. 中国建筑学会建筑史学分会、清华大学建筑历史与文物建筑保护研究所：中国建筑学会建筑史学分会,1998:13.

[11] 牛慧彪. 晋祠圣母殿建筑年代考 [J]. 文物世界,2005(05):56—58.

[12] 牛慧彪. 叔虞祠与圣母殿——晋祠主体建筑年代探析 [J]. 古建园林技术,2007(04):27—29+65.

[13] 朱向东、杜森. 晋祠中的祠庙寺观建筑研究 [J]. 太原理工大学学报,2008(01):83—86.

[14] 李庆玲. 晋祠水母楼的修缮 [J]. 古建园林技术,2009(04):50—52.

[15] 左正华. 帝王与晋祠考略 [J]. 文物世界,2009(04):39—47.

[16] 姚远. 浅谈晋祠圣母殿的倾斜和曲线建筑艺术 [J]. 古建园林技术,2014(04):47—48.

[17] 揭沐桥. 从晋祠圣母殿格局看宋代建筑艺术特征 [J]. 兰台世界,2015(12):112—113.

[18] 魏涛. 论晋祠建筑中的几点独到之处 [J]. 文物鉴定与鉴赏,2016(02):68—75.

[19] 何满红. 明代晋藩与晋祠 [J]. 文史月刊,2017(05):70—74.

[20] 牛白琳. 试论宋代晋祠的重构 [J]. 山西广播电视大学学报,2018,23(02):103—106.

[21] 周淼,胡石.基于精细测绘的晋祠圣母殿大木结构尺度复原与分析[J].建筑史,2020(01):12—21.

[22] 周淼,胡石.晋祠圣母殿拱、枋构件用材规律与解木方式研究[J].文物,2020(08):70—79+97+1.

[23] 申童,沈旸,贾珺,周小棣."墙"与"围"的隐与显——晋祠祠庙建筑的分界与关联[J].建筑学报,2020(11):105—111.

[24] 周淼.晋祠圣母殿重檐建筑形制与结构构成分析[J].古建园林技术,2021(02):26—29.

[25] 李小涛.不二寺大雄宝殿迁建保护与研究[J].文物,1996(12):67—74+2.

[26] 张勇,石谦飞,张森林.清徐狐突庙建筑艺术特色探析[J].建筑与文化,2019(04):240—241.

[27] 徐博.清代、民国山西清源狐突信仰调查研究[D].山西大学,2010.

[28] 裴小琼.崇善寺的历史价值初探[J].山西广播电视大学学报,2019,24(01):101—104.

[29] 周啸林,温静.格式化与个性化——明初制度整顿背景下的太原崇善寺大悲殿建筑[J].建筑遗产,2021(02):59—69.

[30] 胡春良.太原崇善寺的珍贵铸造文物[J].铸造工程,2020,44(05):63—67.

[31] 吕双.明代山西晋藩政治权势演变与地方宗教网络的发展[J].民俗研究,2020(03):79—88.

[32] 郭英,曹红霞.明清太原府[J].中国文化遗产,2008(01):106—113.

[33] 王爱明.文庙及崇善寺街区保护与更新研究[J].山西建筑,2007(13):43—44.

[34] 董岩春.考察崇善寺[J].文史月刊,2006(07):1.

[35] 王洛.明代宫殿式建筑崇善寺[N].山西政协报,2006—03—31(00C).

[36] 纪仲,安笈.会城第一丛林崇善寺[J].五台山研究,1987(03):45—48.

[37] 晋博.太原崇善寺[J].文史知识,1998(03):124—127.

[38] 钱绍武.谈太原崛围山多福寺明代雕塑兼及壁画[J].雕塑,2005(04):8—9.

[39] 夏惠英.太原崛嵋山多福寺的明代壁画及艺术特色研究[J].古建园林技术,2012(04):49—50+63+4.

[40] 王文.净因寺[N].太原日报,2007—03—30(009).

[41] 孟冠华.试论山西明代壁画榜题的特征——以太原明秀寺供养人榜题为例[J].文物世界,2020(05):22—24.

[42] 周小棣,相睿,常军富,高磊,沈旸,马骏华.全国重点文物保护单位明秀寺修缮工程[J].建筑知识,2018(02):18—25.

[43] 石美凤,李正佳.明秀寺大殿彩塑病害调查与保护建议[J].文物世界,2017(02):76—80.

[44] 李莉.太原市明秀寺的修缮设计方案与施工技术[J].科技情报开发与经济,2012,22(09):138—141.

[45] 夏惠英.太原窦大夫祠[J].文物世界,2008(02):67—68.

[46] 黄静静.窦大夫祠古祠建筑形态分析[D].太原理工大学,2009.

[47] 夏惠英.山西太原窦大夫祠维修设计综述[J].科学之友,2013(09):112—114.

[48] 李荟.太原窦大夫祠献亭藻井初探 [J].中国建筑装饰装修,2021(04):168—171.

[49] 张宇煊.山西太原上兰村窦大夫祠古戏台探析 [J].戏剧之家,2020(13):25+27.

[50] 苑杰.太原市尖草坪区部分献殿建筑特征比较 [J].中国文化遗产,2015(02):103—106.

[51] 李仁伟.窦大夫祠建筑装饰艺术探微 [J].天津美术学院学报,2011(01):53—54.

[52] 夏惠英.窦大夫祠略探 [J].文物世界,2012(01):63—66.

[53] 肖迎九.清源文庙大成殿建筑特征分析 [J].文物世界,2011(04):38—42.

[54] 郭建政.传统城镇中文庙的形态分析——以山西太原晋源镇文庙建筑为例 [D].太原理工大学,2007.

[55] 安海.从建筑审美的视角走进太原文庙 [J].文物世界,2014(03):50—54.

[56] 柴玉梅.清徐尧庙尧王殿勘察报告 [J].文物季刊,1992(01):82—88.

[57] 李正佳,安宏业,程群,郭霞.探究娄烦三教寺的前身与今世 [J].文物世界,2018(04):28—30.

[58] 李国成.娄烦三教寺 [J].沧桑,1995(02):36.

[59] 王博.娄烦县罗家曲观音寺 [J].文物世界,2016(05):71—74.

[60] 张丹.古交千佛寺戏曲碑刻浅论 [J].中华戏曲,2018(02):74—88.

[61] 张建华.纯阳宫石质文物保护与修复 [J].文物世界,2006(02):70—72+80.

[62] 王晓磊.太原纯阳宫九窑十八洞勘察及修缮建议 [J].文物世界,2008(06):59—62.

[63] 赵海星.山西太原府纯阳宫院落样式探微 [J].美术大观,2011(09):124.

[64] 王婷.有关太原纯阳宫的几通碑刻 [J].文物世界,2020(01):30—33.

[65] 王砚琪,王崇恩,胡川晋.基于空间界面对院落及构图方式分析——以山西太原纯阳宫建筑群为例 [J].建筑与文化,2020(10):125—126.

[66] 张宏.太原双塔寺建筑方位考 [J].文物季刊,1993(01):34—37.

[67] 金志强.永祚寺的建筑与建筑师 [J].古建园林技术,2001(01):61—64.

[68] 郭英.双塔寺建筑沿革初探和东塔维修技术 [J].古建园林技术,2002(01):42—46+23.

[69] 孙芙蓉.建筑大师妙峰和尚小考 [J].文物世界,2006(05):49—51+79.

[70] 孙芙蓉.几座明代砖结构佛寺建筑典范 [J].文物世界,2007(02):38—39+72.

[71] 刘娟.中国传统建筑营造技术中砖瓦材料的应用探析 [D].太原理工大学,2009.

[72] 李春凤.太原永祚寺双塔探析 [J].文物世界,2012(06):61—62+39.

[73] 张璐.由永祚寺的建筑和布局看明代末期的寺院格局 [J].山西建筑,2013,39(23):15—18.

[74] 李俨,郭华瑜.太原永祚寺 明代寺院建筑的典型范例 [J].大众考古,2018(04):87—90.

[75] 孙芙蓉.太原市永祚寺东塔纠偏论述 [J].文物鉴定与鉴赏,2019(23):88—89.

[76] 淳庆,杨红波,孟哲,韩宜丹.太原永祚寺无梁殿的建筑形制及结构静力性能研究 [J].文物保护与考古科学,2019,31(06):85—91.

[77] 李庆玲.试论太原永祚寺东塔始建的社会背景 [J].博物院,2020(04):51—57.

[78] 张志敏.太山龙泉寺初探 [J].文物世界,2015(03):3—6.

[79] 任俊兵.独具特色的阳曲大王庙 [J].山西老年,2015(07):50—51.

[80] 董竹馨.太原科举建筑——唱经楼 [J].文物鉴定与鉴赏,2021(14):33—35.

[81] 柴玉梅.太原大关帝庙 [J].文物世界,2007(02):40—46.

[82] 王江.太原老城礼制性建筑——大关帝庙 [J].文物世界,2011(05):63—66.

[83] 苑杰.太原地区的文庙建筑 [J].文史月刊,2016(12):65—72.

[84] 苑杰.太原地区金代建筑分析 [J].文物世界,2018(04):18—21.

[85] 耿莉玲.太原宋金木结构建筑特点 [J].文物世界,2007(03):27—30+49.

[86] 徐怡涛.宋金时期"下卷昂"的形制演变与时空流布研究 [J].文物,2017(02):89—96+1.

[87] 刘畅,徐扬,姜铮.算法基因——两例弯折的下昂 [J].中国建筑史论汇刊,2015(02):267—311.

[88] 赵寿堂.晋中晋南地区宋金下昂造斗栱尺度解读与匠作示踪 [D].清华大学,2021:200—202.

[89] 赵寿堂.平长还是实长——对《营造法式》"大木作功限"下昂身长的再讨论 [J].中国建筑史论汇刊,2020(01):72—85.

[90] 彭明浩.试析"替木式短栱" [J].中国建筑史论汇刊,第九辑,2014(01):79—93.

[91] 杜拱辰,陈明达.从《营造法式》看北宋的力学成就 [J].建筑学报,1977(01):42—46+36—52.

[92] 王尚义.刍议太行八陉及其历史变迁 [J].地理研究.1997（1）：68—76.

[93] 周学鹰,张伟.山西南部早期建筑奏响中国土木工程保护华章 [J].中国文化遗产.2010（2）：22—37.

[94] 张祖群."太行八陉"线路文化遗产特质分析 [J].学园.2012（6）：27—31.

[95] 聂磊.浊漳河流域的文化遗产 [J].文物世界.2012（3）：44—48.

[96] 李广洁.先秦时期山西交通述略 [J].晋阳学刊.1985（4）：48—51.

[97] 李广洁.秦汉时期的山西交通 [J].晋阳学刊.1991（2）：16—21.

[98] 李广洁.魏晋南北朝时期的山西交通.晋阳学刊 [J].1989（6）：54—57.

[99] 韩革,王仲璋.太原地区元代以前碑刻综述 [J].山西省考古学会论文集,2000(00):448—456.

[100] 刘畅,郑亮.中国古代大木结构尺度设计算法刍议.建筑史 [C].第 24 辑.北京：清华大学出版社,2009:23—36.

[101] 黄占均,刘畅,孙闯.故宫神武门门楼大木尺度设计初探 [J].故宫博物院院刊.2013(1):24—40.

[102] 王藏博,徐怡涛.明清北京官式建筑柱头科、平身科形制分期研究——兼论故宫慈宁宫花园咸若馆建筑年代 [J].故宫博物院院刊,2019(08):36—51+110.

[103] 李越,刘畅,王丛.英华殿大木结构实

测研究 [J]. 故宫博物院院刊 ,2009(01):6—21+156.

[104] 刘畅 , 尚国华 , 秦祎珊 . 故宫钦安殿大木结构尺度问题探析 [J]. 故宫博物院院刊 ,2015(06):45—57+158.

[105] 李会智 . 山西现存早期木结构建筑区域特征浅探 ( 中 )[J]. 文物世界 ,2004(03):9—18.

[106] 程文娟 . 山西祠庙建筑研究 [D]. 太原理工大学 ,2006.

[107] 白丽媛 . 山西道观建筑艺术形态分析 [D]. 太原理工大学 ,2008.

[108] 薛磊 . 山西祠庙建筑构造形态分析 [D]. 太原理工大学 ,2008.

[109] 贺婧 . 宋金时期晋东南建筑地域文化特色探析 [D]. 太原理工大学 ,2010.

[110] 王峰 . 山西中部宋金建筑地域特征分析 [D]. 太原理工大学 ,2010.

[111] 周淼 . 法式化：12 世纪《营造法式》作法在晋中地区的传播与融合 [J]. 建筑学报 ,2019(12):55—59.

[112] 何洋 . 北宋木构建筑遗存檐部做法实证研究 [D]. 西南交通大学 ,2020.

[113] 罗德胤 , 黄靖 . 清源城的庙宇建筑考察 [J]. 建筑史 ,2012(03):114—128.

[114] 张玲 , 柴琳 . 金元建筑遗珍 [J]. 中国文化遗产 ,2008(01):102—105.

[115] 王静 . 晋中地区文庙建筑形态设计研究 [D]. 河南大学 ,2020.

[116] 张玲 . 太原儒学建筑研究 [J]. 山西建筑 ,2010,36(33):49—50.

[117] 崔凯 . 山西清徐县现存古神庙戏台调查研究 [D]. 西北师范大学 ,2020.

[118] 张妍 . 古建筑测绘传统方法与现代技术的分析 [D]. 太原理工大学 ,2014.

[119] 牛文君 . 近代以来晋中地区商业衰落原因初探 [D]. 南京师范大学 ,2014.

[120] 郑梅玲 , 王振芳 . 略述太原的元代建筑 [J]. 文史月刊 ,2003(06):59—60.

[121] 吴娟 . 阳曲县古戏台调查 [D]. 山西师范大学 ,2014.

[122] 王旭 . 关公信仰的历史传统与当代建构——以山西太原关帝庙为中心 [J]. 中北大学学报 ( 社会科学版 ),2018,34(05):23—28.

[123] 臧筱珊 . 宋、明、清代太原城的形成和布局 [J]. 城市规划 ,1983(06): 17—21.

[124]Licinia Aliberti, Miguel Ángel Alonso—Rodríguez. Geometrical Analysis of the Coffers of the Pantheon's Dome in Rome. Nexus Network Journal (2017) 19:363–382.

[125]Josep Lluis i Ginovart, Gerard Fortuny Anguera, Agustí Costa Jover, Pau de Sola—Morales Serra. Gothic Construction and the Traça of a Heptagonal Apse: The Problem of the Heptagon. Nexus Network Journal (2013) 15: 325–348.

# 附录

## 太原地区石作匠人略览 [1]

| 朝代 | | 石作匠人姓名 | 匠人来源 [2] | 家族追踪 |
|---|---|---|---|---|
| 宋金时期 | | 宇修隆、王延臻、宇照应 | 不详 | 不详 |
| | | 路子春 [3] | 不详 | 不详 |
| | | 刘章模 | 清徐（本地） | 不详 |
| 元代 | | 孙福、任祥、连资 | 不详 | |
| | | 安信、安湜政、解居实、张恩 | 古丰（辽金古丰州？外来） | 安信、男湜政 |
| | | 王仲和、赵泉 | 不详 | |
| 明代 | 洪武—成化 | 王良、郭普旺 | 平阳府（本地） | 不详 |
| | | 杨宗口 | 交城 | |
| | 弘治—嘉靖 | 杨景荣、杨景哲 | 本村（本地） | |
| | | 段子信、王福永、王相 | 阳曲（本地） | |
| | | 高聪 | 临县（外来） | |
| | | 弓孝文 | 不详 | |
| | | 郭朝 [4] | 不详 | |
| | | 范景库、刘廷旺、张守秀、张存、张廷、王悦、姚廷用、郝库、郝廷保、郝廷禄、郝廷贵、郝廷仓、刑才 | 娄烦（本地） | 娄烦本地范家：范景库、男范汝兰；范景秀；范朝口；明嘉靖至万历间从业于娄烦县 |
| | | 赵廷保、郭琦 [5] | 阳曲（本地） | |
| | | 田仲才、王仓 | 崞县（外来）+ 娄烦（本地） [6] | 崞县（今忻州原平市）田家：田仲才、田仲库；仲库男田大成及门徒闫珩；明嘉靖间从业于娄烦县 |
| | | 田仲才、田仲库、刘连旺，范景秀、范朝口、王进、王仓、王敖、师公海、王添江、王口文、张世国、杨添相 | 娄烦（本地） | 崞县田家；娄烦本地范家；娄烦本地张家 |

续表

| | 朝代 | 石作匠人姓名 | 匠人来源 | 家族追踪 |
|---|---|---|---|---|
| 明代 | 弘治—嘉靖 | 田仲才、师恭海[7]、樊守然、王仓、田仲库、田大成、张世谷 | 崞县（外来） | 崞县田家；本地张家 |
| | | 张怀、张朝杰、张朝玘、姚安、姚进[8] | 不详 | |
| | | 范景库、王添、江善友[9]、王仲迁 | 娄烦（本地） | 娄烦本地范家 |
| | | 田仲库、师公海、张土国[10] | 崞县（外来） | 崞县田家；本地张家 |
| | | 林口 | 阳曲（外来） | |
| | | 田仲库、闫珩 | 崞县（外来）+ 娄烦（本地）？ | 崞县田家，（娄烦本地？）门徒[11] |
| | | 田仲库、王禄 | 崞县(外来)+ 稷山(外来) | 崞县田家；稷山王家 |
| | | 知县糟来宴刻石 | 凤翔（外来） | 疑非刻石人 |
| | | 范景库、范汝兰、赵迁禄、赵迁祐[12] | 娄烦（本地）+ 阳曲（外来） | 娄烦范家；阳曲（外来）赵家：赵廷禄、赵廷祐、赵廷璋、赵廷璧；嘉靖间从业于阳曲娄烦一带 |
| | | 王禄 | 稷山（外来） | 稷山王家：王禄，男王文登；嘉靖至万历间从业于娄烦一带 |
| | | 赵廷璋、赵廷璧 | 阳曲（本地） | 阳曲赵家 |
| | | 张世国、张刁 | 娄烦（本地） | 娄烦张家：张世口，男张刁；嘉靖至万历间从业于娄烦一带 |
| | 隆庆—崇祯 | 赵廷禄、赵廷祐 | 阳曲（外来） | 阳曲赵家 |
| | | 张世国、张刁 | 娄烦（本地） | 娄烦张家 |
| | | 王禄、王文登 | 稷山（外来） | 稷山王家 |
| | | 牛孟孳、牛珩、牛玭 | 兴县（外来） | 兴县牛家：情况不详 |
| | | 董海 | 不详 | |
| | | 张现 等[13] | 不详 | |
| | | 王仲义 | 不详 | |
| | | 杨龙口、杨朝登 | 不详 | |

续表

| 朝代 | | 石作匠人姓名 | 匠人来源 | 家族追踪 |
|---|---|---|---|---|
| 明代 | 隆庆—崇祯 | 白聚山、白栋 | 阳曲（本地） | 阳曲白家：白聚山，男白梁、白栋；隆庆以降从业于阳曲县崛围山一带 |
| | | 范朝忠、王登科、王希 | 娄烦（本地） | 娄烦范家；娄烦王仓后人？ |
| | | 许鹏、许朝英、许程[14] | 阳曲（本地）？ | 阳曲许家 |
| | | 赵惠、赵忠、赵应登、满家喜、赵应享 | 阳曲（本地） | 阳曲赵家后人？ |
| | | 白梁、白栋 | 阳曲（本地） | 阳曲白家 |
| | | 王油、王□ | 阳曲（本地） | |
| | | 蔚应秋、蔚玺 | 不详 | |
| | | 闫甫、闫亭 | 阳曲（本地） | |
| | | 王登昌 | 不详 | |
| | | 白栋、白□ | 阳曲（本地） | 阳曲白家 |
| | | 许鹏、许朝英、许朝□、许朝宰、许朝□[15] | 阳曲（本地）？ | 阳曲许家 |
| | | 张延岗、张顺、张车、兴旺 | 阳曲（本地） | 阳曲张家：张延岗、男张顺、张车；明万历至崇祯间从业于崛峗山一带 |
| 清代 | 顺治—雍正 | 袁旭升、袁旭明 | 太原（本地） | |
| | | 李遇春、高凤 | 交城（本地） | 擅刻书法 |
| | | 宁极、宁永正、闫义[16] | 不详 | |
| | | 段（纟辛）（多次单独出现） | 太原（本地） | 石刻名家，少太原生员，后就教于傅山[17] |
| | | 白成元、白成善、张一贵、李茂□ | 阳曲（本地） | 阳曲白家？ |
| | | 董虎、郭之兴、董作宾、董楼、袁九升[18]、郭常荣 | 太原（本地） | |
| | | 张敏 | 不详 | |
| | | 王德、王福 | 岚县（外来） | 从业于古交一带 |
| | | 李守庆　燕凤龙 | 静乐（外来） | |

续表

| 朝代 | | 石作匠人姓名 | 匠人来源 | 家族追踪 |
|---|---|---|---|---|
| 清代 | 顺治—雍正 | 牛天业 | 不详 | |
| | | 赵邦用 | 不详 | |
| | | 范豹、范虎 | 不详 | |
| | | 赵林 | 不详 | |
| | | 郝满基、郝抚隆 | 不详 | |
| | | 张奇富[19] | 阳曲（本地） | |
| | | 王宰、王正宁、白守贵、白福 | 阳曲（本地） | 阳曲白家： |
| | | 王口发、王口宁 | 不详 | |
| | | 王登堂 | 不详 | |
| | | 刘维都、刘进禄 | 不详 | |
| | | 白守贵、白珩 | 阳曲（本地） | 阳曲白家： |
| | | 姚太基、邢天口 | 崞县（外来） | 崞县姚家：姚太基、姚长基、姚满基、姚永基、姚弘礼、姚种玉；康熙以降从业于古交、万柏林一带 |
| | | 姚长基、姚满基 | 崞县（外来） | 崞县姚家 |
| | | 郝忠贤、兰俊生 | 不详 | |
| | | 李昌英、李昌启、李正口 | 不详 | |
| | | 王进达、姚永基 | 崞县（外来） | 崞县姚家 |
| | | 邢天仪 | 崞县（外来） | ？雍正间从业于古交娄烦一带 |
| | | 崔之贵、赵起运 | 不详 | |
| | | 张又良 | 榆次（外来） | 榆次石匠，从业于崛𡶶山一带 |
| | | 姚永基、刘成耀 | 崞县（外来） | 崞县姚家 |
| | 乾隆—嘉庆 | 康茂花 | 不详 | |
| | | 姚永口 | 崞县（外来） | 崞县姚家 |
| | | 张碧朝 | 不详 | |

续表

| 朝代 | | 石作匠人姓名 | 匠人来源 | 家族追踪 |
|---|---|---|---|---|
| 清代 | 乾隆—嘉庆 | 药桂枝 药茂枝 | 徐沟（外来） | 徐沟药家：从业于晋祠一带 |
| | | 姚永基、姚弘礼 | 崞县（外来） | 崞县姚家 |
| | | 苗培泽、康茂花、苗培奉、苗广旺 | 阳曲（本地） | 阳曲（兰村）苗家：苗培泽、苗培奉、苗广旺、苗玉清；乾隆以降从业于崛围山一带 |
| | | 张怀定、张大魁、张大来 | 崞县（外来） | 崞县张家：张怀定、张怀直、张怀书、张怀元，子侄辈大魁、大来、大会、大良、大舜、大裕，孙辈正川、正仕、正位，辈分不明相关者尔山、尔连、尔同，全同、全福、全通、全哲；乾隆以降从业于交城、阳曲一带 |
| | | 苗培泽、白如皑 | 阳曲（本地）榆次（外来） | 阳曲苗家 |
| | | 宁世昌（多次单独出现） | 稷山（外来） | 稷山宁家：宁世昌、宁台甫、宁务本、宁务勤；乾隆时期从业于晋祠一带 |
| | | 郭口生 | 太原府（本地） | 从业于太原府一带 |
| | | 张大魁、张正川 | 崞县（外来） | 崞县张家 |
| | | 张尔连 | 崞县（外来） | 崞县张家 |
| | | 梁申、郭牛 | 不详 | |
| | | 张怀义、张大会 | 崞县（外来） | 崞县张家 |
| | | 张大良、张尔山、张尔连、张全通，河北石匠李祥 | 崞县（外来）河北（外来） | 崞县张家 |
| | | 贺万益 | 岚县（外来） | 从业于娄烦一带 |
| | | 宁台甫（多次单独出现） | 稷山（外来） | 稷山宁家 |
| | | 张怀直 张怀书 | 崞县（外来） | 崞县张家 |
| | | 于利王 | 阳曲（本地） | |
| | | 伐天锡 | 平遥（外来） | 从业于晋祠一带 |

续表

| 朝代 | | 石作匠人姓名 | 匠人来源 | 家族追踪 |
|---|---|---|---|---|
| 清代 | 乾隆—嘉庆 | 王天昭 | 不详 | |
| | | 李立节、李枝 [20] | 不详 | |
| | | 焦滋泉 | 清源（外来） | 从业于晋祠一带 |
| | | 樊生盛、樊生会 | 不详 | |
| | | 巩珺、巩凤仪 | 娄烦（本地） | 娄烦巩家：<br>巩珺、男凤仪，巩万年；从业于娄烦一带 |
| | | 郭云生、刘秀文、于利王、刘发元<br>周子信 | 不详 | 从业于太原府一带 |
| | | 张大舜 | 崞县（外来） | 崞县张家 |
| | | 张尔同、张全同、张全福 | 崞县（外来） | 崞县张家 |
| | | 焦履中 | 清源（外来） | 从业于晋祠一带 |
| | | 陈廷玉、陈利用 | 不详 | 陈廷玉书，子利用镌 |
| | | 王福宁 | 不详 | 从业于晋祠一带 |
| | | 张正仕、张正位 | 崞县（外来） | 崞县张家 |
| | | 刘秀口 | 不详 | 从业于太原府一带 |
| | | 宁务本、岳钟明 | 稷山（外来） | 稷山宁家<br>稷山岳家：岳钟明、岳钟才；嘉庆以降从业于晋祠一带 |
| | | 王正山、王正旺 | 崞县（外来） | 崞县王家：王正山、王正旺、王寅贵、王梦兆、王梦玉、王梦龄；嘉庆以降从业于万柏林一带 |
| | | 张怀元、姚种玉 | 崞县（外来） | 崞县张家<br>崞县姚家 |
| | | 王作银、于立斌 [21]、王贵仓 | 不详 | 从业于太原府一带 |
| | | 苗玉清、王福泉 | 阳曲（本地） | 阳曲苗家 |
| | | 王植、王守国 | 不详 | |
| | | 王植、苗鹏柱、郭廷泰、于利斌、王守国、郭廷柱 | 不详 | |

续表

| 朝代 | | 石作匠人姓名 | 匠人来源 | 家族追踪 |
|---|---|---|---|---|
| 清代 | 乾隆—嘉庆 | 李秀美（多次单独出现） | 阳曲（本地） | 从业于崛㟮山一带 |
| | | 南海长 | 不详 | |
| | | 李玉朝、李永定、杜元镇 | 不详 | |
| | 道光—宣统 | 李秀美 | 阳曲（本地） | 从业于崛㟮山一带 |
| | | 任昌贵 | 不详 | |
| | | 岳钟才 | 稷山（外来） | 稷山岳家 |
| | | 王贵、温昌 | 不详 | |
| | | 王正山、王寅贵、温恒昌、王梦兆、王梦玉 | 崞县（外来） | 崞县王家 |
| | | 巩凤仪、张大裕、姚师、郭世洪、张永春 | 娄烦（本地）崞县（外来） | 娄烦巩家崞县张家 |
| | | 宁务勤（多次单独出现） | 稷山（外来） | 稷山宁家 |
| | | 王贵仓 | 不详 | |
| | | 王存仁 | 崞县（外来） | |
| | | 稷山玉工，姓名、人数不详[22] | 稷山（外来） | |
| | | 张成鳌 | 不详 | |
| | | 贾府民 | 不详 | |
| | | 巩万年 | 娄烦（本地） | 娄烦巩家 |
| | | 张全哲、王正旺、郝山宝、王梦龄 | 崞县（外来） | 崞县张家崞县王家 |
| | | 口宁构 | 不详 | |
| | | 王梦龄 | 崞县（外来） | 崞县王家 |
| | | 程合珠、张锡义 | 不详 | |
| | | 牛万有、牛万富、牛万贵 | 岚县（本地） | |
| | | 口德娃　曹克温 | 不详 | |
| | | 王梦龄、郝山宝、王道亨 | 崞县（外来） | 崞县王家 |
| | | 王兆喜、何清远 | 不详 | |

续表

| 朝代 | | 石作匠人姓名 | 匠人来源 | 家族追踪 |
|---|---|---|---|---|
| 清代 | 道光—宣统 | 张永年、程鹤珠、王口、张祥 | 不详 | |
| | | 侯俊山、王怀德 | 不详 | |
| | | 来阳 | 不详 | |
| | | 德玉石厂 | 不详 | 清代厂商? |
| | | 高应禄、柳志和 | 寿阳（外来） | |
| | | 赵之汉 | 不详 | |
| | | 郝山宝 | 不详 | |
| | | 刘成发、宿登瀛 | 崞县（外来） | |
| | | 巩应德 | 不详 | |
| | | 郝士耀、梁修仁 | 崞县（外来） | |
| | | 刘汉忠、张凤来、刘宝国 | 不详 | |
| | | 赵达成、赵达全、陈有例 | 不详 | |
| | | 田纬、田绂、宁永康 | 不详 | |
| | | 张大江 | 不详 | |
| | | 郭维泰 | 原邑，不详 | |
| | | 唐林、张如鹏 | 不详 | |
| | | 赵达成 | | |
| | | 王作干 | 崞县（外来） | 崞县王家? |
| | | 口崇学 [24] | 不详 | |
| | | 赵口和 | 不详 | |
| | | 李发年、于丕厚、赵泰和 | 不详 | |
| | | 王羡义 | 崞县（外来） | 崞县王家? |

## 注释

1. 匠人信息除特殊注明者，皆提取自《三晋石刻大全》《晋祠碑碣》。

2. 括号中注明碑刻所在地与匠人来源地之关系。

3. 杨拴保主编《清徐碑碣选录》，北岳文艺出版社 ,2011.

4. 阳曲辛庄开化寺大殿西侧现存《重修碑记》。

5. 阳曲轩辕庙现存《重修轩辕圣祖之记》。

6. 碑刻"重修周洪山普净院记"列"崞县崇信都石匠田仲才　石匠王仓"推测为外地本地石匠合作。

7. 或亦作"师恭海"。参见上文。

8. 阳曲辛庄开化寺现存《开花寺法斋禅院碑记》。

9. 结合明嘉靖十八年"重修太子禅寺造佛垒台之记"石匠姓名，"王添、江善友"疑误。

10. 疑为"张世国"。

11. "王希曾墓碑"有"本县儒学生员闫珩书"，或与此闫珩为同一人。

12. 此处"迁"疑为"廷"，参加下文"赵廷禄"。

13. 杨拴保主编《清徐碑碣选录》，北岳文艺出版社 ,2011.

14. 阳曲辛庄开化寺现存《重修新庄开花禅林碑记》。

15. 阳曲辛庄开化寺现存《启建重修碑记》。

16. 阳曲三藏寺现存《重修》碑记。

17. 参见道光《太原县志》，另见傅山《与段叔玉书》。

18. 疑为"袁旭升"之误。

19. 阳曲轩辕庙现存《轩辕圣祖庙重修碑铭志》。

20. 阳曲辛庄开化寺现存《重修山门碑记》。

21. 疑为"于利斌"。参见下文。

22. 杨拴保主编《清徐碑碣选录》，北岳文艺出版社 ,2011.

23. 同上。

24. 同上。

# 太原地区木作匠人略览 [1]

| 年代 | 木作匠人姓名 | 来源 | 家族追踪 |
| --- | --- | --- | --- |
| 后唐长兴至清泰间（930–934） | 王仲福 [2] | 太原府（输出蓟州？） | 太原王家：王仲福二世前徙幽州，籍贯太原；祖王海清，任蓟州录事参军；父王文僲，任卢龙军衙队军使；王仲福，盖造军绳墨都知兼采斫使；次子王廷芝，盖造军都指挥使 |
| 辽初至应历（936–969） | 王廷芝 [3] | 太原府 | 见上 |
| 明正统十四年（1449年） | 悲显等 [4] | 清徐（本村） | 推测为出家人 |
| 明嘉靖十一年（1532） | 牛子奉；娄烦闫兰、王佩、刘迁、刘子荣；岚县程时伦、程时云、程仲谦　程仲让、张伦、张虎、张苗 | 外来不详娄烦（本地）岚县（临县） | 娄烦本地刘家；岚县程家；岚县张家 |
| 明嘉靖十六年（1537） | 孟友亮、孟的、孟忠、孟堂、孟益、孟天名、孟天桐 [5] | 阳曲（本地） | 阳曲孟家 |
| 明万历八年（1580）言及嘉靖十七年（1538）事 | 孟寿 | 不详 | |
| 明嘉靖十七年（1538） | 木匠口口库、魏清；汾州木匠张大恕　樊文义 | 娄烦（本地）汾州（外来） | |
| 明嘉靖十八年（1539） | 口城北村木匠任廷相　男任堂　任千　任萬 | 娄烦（本地） | 娄烦（静乐）本地任家；任家又见于阳曲三藏寺明万历二十五年碑记："鲁班 任添相 男任荣任安" |
| 明嘉靖二十一年（1542） | 木匠杨仲口、男杨天云、杨天雨 | 娄烦（本地） | 娄烦本地杨家 |
| 明嘉靖三十六年（1557） | 钱树、张朝、李梅、李天相、李天佐、肖彦灵、潘合、贾应口 [6] | 不详 | |
| 明嘉靖四十五年（1566） | 汾州木匠常恭好、阳曲大川木匠田相 | 汾州（外来）阳曲（外来） | |
| 明万历十九年（1591） | 魏伯进 等 | 不详 | |
| 明万历二十二年（1594） | 屈廷会、屈环 | 不详 | |
| 明万历二十五年（1597） | 任添相、任荣、任安 [7] | 不详 | 阳曲本地任家？ |
| 明万历四十七年（1619） | 武应成、男武友 | 不详 | 古交本地武家？ |

续表

| 年代 | 木作匠人姓名 | 来源 | 家族追踪 |
|---|---|---|---|
| 明崇祯三年（1630） | 文尚云、温明开 | 不详 | |
| 明崇祯八年（1635） | 梁才惠 | 不详 | |
| 明崇祯九年（1636） | 闫国强、闫广、闫铎[8] | 阳曲（本地）？ | |
| 清康熙十一年（1672 年） | 任宁元、任起、任赵、任口[9] | 阳曲（本地） | 阳曲任家 |
| 清康熙十五年（1676） | 王桂、王成、陈万云、陈万雨、何峰泰、何应太、陈增、陈库、李茂、郭之善、郭之花、王进文、李兰、李自桂、王成男、王金茂、王金玉、王金枝 | 太原府崛崛山（本地）？ | 太原府本地王家，太原府本地陈家，太原府本地何家，太原府本地李家太原府本地郭家 |
| 清康熙十六年（1677） | 刘旺、任孝、王应斌、刘库、王清、王泽 | 不详 | |
| 清康熙二十一年（1682） | 王永达 | 清源（外来） | |
| 清康熙二十八年（1689） | 马伏龙、马伏喜 | 不详 | |
| 清康熙三十九年（1700） | 陈华[10] | 清徐（本地） | |
| 清康熙四十六年（1707） | 郭永奇、郭永达，郝家庄木匠康玘盛、男康明开、门徒张起贵、王口、男口家口、郭口 | 古交（本地） | 古交本地郭家古交本地康家 |
| 清康熙四十六年（1707） | 孟方、张聚禄[11] | 阳曲（本地） | |
| 清康熙四十八年（1709） | 苗口亭、高口口、苗之口 | 晋阳（本地） | 古交本地苗家 |
| 清康熙五十三年（1714） | 杨汝府 | 不详 | |
| 清康熙五十六年（1717） | 成口万、康智威、胡养儿 | 古交（本地） | |
| 清康熙五十六年（1717） | 苗永德、李兴 | 清源（外来） | |
| 清康熙五十七年（1718） | 王宝、徒弟高印智、翟中要 | 榆次（外来） | |
| 清康熙六十一年（1722） | 王宝、李崇花 | 榆次（外来） | |
| 清雍正四年（1726） | 冯炜枝 | 不详 | |
| 清雍正四年（1726） | 闫三文、牛伏德、刘伏增 | 不详 | |
| 清雍正六年（1728） | 忻州连成芳、本村李口口、男李泉溢、李泉海、李泉湖 | 忻州（外来）娄烦（本地） | 娄烦本地李家 |
| 清乾隆四年（1739） | 闻义 | 不详 | |

续表

| 年代 | 木作匠人姓名 | 来源 | 家族追踪 |
|---|---|---|---|
| 清乾隆五年（1740） | 程树 | 不详 | |
| 清乾隆十八年（1753） | 闫三和尚 | 不详 | |
| 清乾隆二十七年（1762） | 苗福、周三县 | 不详 | |
| 清乾隆二十九年（1764） | 本村王加哲 | 阳曲（本地） | |
| 清乾隆三十年（1765） | 田印 | 不详 | |
| 清乾隆三十五年（1770） | 武子章 | 不详 | |
| 清乾隆三十八年（1773） | 梁汗通、梁建唐、尹如亮 | 岚县（外来） | 岚县梁家 |
| 清乾隆四十一年（1776） | 高满礼 | 不详 | |
| 清乾隆四十一年（1776） | 李口美 | 不详 | |
| 清乾隆四十二年（1777） | 王文库 | 古交（本地） | |
| 清乾隆四十三年（1778） | 邢云贵、范守世 | 不详 | |
| 清乾隆四十六年（1781） | 张富、口全[12] | 不详 | |
| 清乾隆五十二年（1787） | 普生玺、史宗印 | 不详 | 阳曲（？）普家 |
| 清乾隆五十三年（1788） | 李叶盛、侄李直、甥段口成 | 不详 | 娄烦（？）李家 |
| 清乾隆五十四年（1789） | 郭泉、口秀文 | 不详 | |
| 清乾隆五十五年（1790） | 普生爱　郭要 | 不详 | 阳曲（？）普家 |
| 清乾隆五十五年（1790） | 陈建郡、赵进德 | 不详 | |
| 清乾隆五十七年（1792） | 耿孝武、弟子杨成、子耿义明 | 不详 | 古交（？）耿家 |
| 清乾隆五十七年（1792） | 口明、口德学 | | |
| 清嘉庆八年（1803） | 郭全 | 不详 | |
| 清嘉庆十八年（1813） | 李学明 | 不详 | |
| 清嘉庆二十年（1815） | 刘生太 | 不详 | |
| 清嘉庆二十年（1815） | 常义 | 阳曲（本地）？ | 从业于崛崰山一带 |
| 清嘉庆二十年（1815） | 常义 | 阳曲（本地）？ | 从业于崛崰山一带 |
| 清嘉庆二十一年（1816） | 常义 | 阳曲（本地）？ | 从业于崛崰山一带 |
| 清嘉庆二十二年（1817） | 郝敦有、武的柱 | 古交（本地） | 古交郝家，从事营造业木作、泥作（如泥匠郝敦惠）等多种工艺 |

续表

| 年代 | 木作匠人姓名 | 来源 | 家族追踪 |
|---|---|---|---|
| 清嘉庆二十二年（1817） | 翟泰 | 文水（外来） | |
| 清道光元年（1821） | 李满栋 | 不详 | |
| 清道光元年（1821） | 郝敦有 | 古交（本地） | |
| 清道光四年（1824） | 木泥工李万库 | 不详 | |
| 清道光四年（1824） | 木泥匠石有章、石有贵、石有宽 | 阳曲（本地）？ | 阳曲石家 |
| 清道光五年（1825） | 王兆瑞、常义、王作树 | 阳曲（本地）？ | |
| 清道光六年（1826） | 韩倡芝 | 不详 | |
| 清道光十年（1830） | 石玉玺 | 不详 | |
| 清道光十年（1830） | 郝富岐 | 不详 | |
| 清道光十二年（1832） | 张万义 | 不详 | |
| 清道光十五年（1835） | 仝玉 | 不详 | |
| 清道光二十三年（1843） | 马洪口、武复仁、郭巫山 | 不详 | |
| 清道光二十四年（1844） | 史秀成、史应成 | 阳曲（本地）？ | 阳曲史家？ |
| 清道光二十四年（1844） | 邢山贵 | 不详 | |
| 清道光二十九年（1849） | 翟有仁 | 不详 | |
| 清道光三十年（1850） | 木泥工李恭 | 阳曲（本地）？ | 阳曲王家？ |
| 清咸丰二年（1852） | 王建都、王泽树、王局口、王玉成 | 阳曲（本地）？ | 阳曲王家？ |
| 清咸丰二年（1852） | 郭雾山 | 不详 | |
| 清咸丰三年（1853） | 史口成、王口、王鉴、许鸿、郭恒、史口成 | 阳曲（本地）？ | 阳曲史家？ |
| 清咸丰七年（1857） | 李亮 | 阳曲（本地）？ | 阳曲王家？ |
| 清咸丰七年（1857） | 李恭 | 阳曲（本地）？ | 阳曲王家？ |
| 清咸丰十一年（1861） | 寿邑木工张九如 | 寿阳（外来） | |
| 清同治三年（1864） | 陈景花 | 不详 | |
| 清同治三年（1864） | 韩张刘 | 不详 | |
| 清同治五年（1866） | 石岗玉 | 不详 | |

续表

| 年代 | 木作匠人姓名 | 来源 | 家族追踪 |
|---|---|---|---|
| 清光绪二年（1876） | 张丕智 周文□ | 不详 | |
| 清光绪十三年（1887） | 李详 | | |
| 清光绪二十年（1894） | 张□ | | |
| 清光绪二十六年（1900） | 苗大生 | | |
| 清光绪二十八年（1902） | 阳邑木匠李全沛、□德秀、是琮 | 太谷（外来） | |
| 清光绪二十八年（1902） | 木泥工王广 | | |
| 年代不详 | □光、□海银[13] | 虚线 | |

## 注释

1. 表格中未经说明，史料来源均为《三晋石刻大全》《晋祠碑碣》。
2. 《王仲福墓志》，载向南等《辽代石刻文续编》，辽宁人民出版社，2010，第8页。
3. 王仲福次子，见《王仲福墓志·墓志》。同上。
4. 杨拴保主编《清徐碑碣选录》。
5. 阳曲轩辕庙现存《重修轩辕圣祖之记》。
6. 采集于太原崇寿寺大殿屋架东山："大明嘉靖三十六年五月初六日起工开手仿通前大后大悲□ 工食银二十六两 计开合匠人等共人八名 钱树 张朝 李梅 李天相 李天佐 肖彦灵 潘合 贾应□ 山西太原府内王府人等吉旦。"
7. 阳曲三藏寺现存"唐僧宝塔"嵌壁碑。
8. 阳曲辛庄开化寺现存《启建重修碑记》。
9. 阳曲三藏寺现存《重修》碑记。
10. 杨拴保主编《清徐碑碣选录》。
11. 阳曲轩辕庙现存《轩辕圣祖庙重修碑铭志》。
12. 阳曲辛庄开化寺现存《重修山门碑记》。
13. 阳曲辛庄开化寺大殿前现存碑刻。

# 后记

　　不经意间，通览太原的木结构古建筑文稿居然接近了尾声。难以抗拒的，居然是越来越强烈的重新写过的冲动，夹杂着挥之不去的惭愧与忐忑。

　　必须承认，这种强烈惭愧的理由是自己的通览终究还没来得及和徐怡涛老师深入交流过。徐老师是我的老朋友，在北京大学考古文博学院教书。他的家学和学术方法，与我的团队有着密切的联系；而他的见识和用心，使他更成为我崇拜而要经常去请教的老师。

　　通览的工作毕竟起于观察，而观察入微、积微成识，正是徐老师建筑考古方法论的要义。如果要我们将每个案例都"原构解析"——也就是判断哪些构件是原装的，哪些是后改的，是什么时候改的，那么这本书稿的完成时间至少需要再迟五年。如果一定为急就章找一个借口，那么只好说我们是想先把方法、思路和试错呈现给大家，期待借着这个时代建立起来的公共数据平台、大数据和机器学习方法，实现徐老师及别的老师智慧的"集体附体"，实现我们对建筑文化传统的再认识，精细到小地域、短时代的认识。

　　还得承认，这种强烈忐忑的理由是自己的足迹还远没有任毅敏老师等山西古建筑彩塑壁画研究院的同事们走得多、走得深。没有走遍山西，就太原说太原的视野，便是没法达到"先通再览"要求的。如果再要求高一点，则要洞察山西周边省份的情况、不同时代京师的情况，因为皇家是吸铁石，皇家也是风向标；皇家有宫殿，有寺院，还有皇陵——对，我们要关注的不只是地上，也得留意地下……

　　如果循了这样的要求，自己哪辈子才能合格呢？绝望之余，还是要求助于现代科技——自己最得意的猜想，就是当年中国营造学社的先哲们如果知道科学能那么迅速地达到今天的高度，一定会在文献部和法式部之外设立一个科学部吧！于是终于动起心思计划申报个什么课题，从山西开始，谋划借助数据采集设备提高数据量和数据精度，谋划着借助众筹平台汇集公共数据资源；自己则求助学术伙伴尝试算法、训练机器——最终回到引领一代成规的首善之区，回到故宫，那个我曾经战斗过并一直魂牵梦绕的地方。

于是，有了更强烈的新的冲动——要继续通览下去。毕竟身边还有可以随时请教的徐怡涛、任毅敏，还有那么多充满了好奇心和活力的年轻人；毕竟把新技术用在这么无关生计问题的事业上，还需要继续忘我下去。无论来日多么不可奢望，都要走出去，算是年纪带来窠臼，也算是积累能带来转换思路的视野；无论自己的想法多么幼稚、偏狭、短暂，都要写下来，算是脸皮带来的无畏，算是期待着或许能碰上愚者千虑的机会。

以上所言，虽有卸责之意，绝非虚谦之词，更与诸生共勉。

刘　畅
于清华园西楼宿舍
2021 年 10 月 1 日

图书在版编目（CIP）数据

山西木构古建筑匠作通释. 太原卷 / 刘畅, 赵寿堂,
迟雅元著 ; 山西省古建筑与彩塑壁画保护研究院编. --
太原 : 三晋出版社, 2024.1
　　ISBN 978-7-5457-2711-1

　　Ⅰ. ①山… Ⅱ. ①刘… ②赵… ③迟… ④山… Ⅲ. ①木
结构—古建筑—研究—太原 Ⅳ. ①TU-092.925

中国国家版本馆CIP数据核字(2023)第062445号

## 山西木构古建筑匠作通释·太原卷

著　　者：刘　畅　赵寿堂　迟雅元
编　　者：山西省古建筑与彩塑壁画保护研究院
出版统筹：莫晓东
责任编辑：冯　岩
责任印制：李佳音
装帧设计：李猛工作室
出　　品：若朴文化工作室

出 版 者：山西出版传媒集团·三晋出版社
地　　址：太原市建设南路 21 号
电　　话：0351-4956036（总编室）
　　　　　0351-4922203（印制部）
网　　址：http://www.sjcbs.cn

经 销 者：新华书店
承 印 者：北京雅昌艺术印刷有限公司

开　　本：889mm×1194mm　1/16
印　　张：28.25
字　　数：350 千字
版　　次：2024 年 1 月　第 1 版
印　　次：2024 年 1 月　第 1 次印刷
书　　号：ISBN 978-7-5457-2711-1
审 图 号：晋 S（2023）007 号
定　　价：398.00 元

如有印刷质量问题，请与本社发行部联系　电话：0351-4922268